"你的全世界来了" 科普阅读书系

毕研波 ◎ 编 著

丛书主编：安若水

副 主 编：王竞华　毕经纬

编　　者：毕研波　海　秋　张思源　王水香　马　然

插　　图：支晓光

山西出版传媒集团　山西教育出版社
·太原·

图书在版编目（CIP）数据

工匠来了 / 毕研波编著. -- 太原：山西教育出版社，2025.5

（"你的全世界来了"科普阅读书系 / 安若水主编）

ISBN 978-7-5703-3609-8

Ⅰ. ①工… Ⅱ. ①毕… Ⅲ. ①职业道德-青少年读物 Ⅳ. ①B822.9-49

中国国家版本馆 CIP 数据核字（2023）第 219577 号

# 工匠来了
GONGJIANG LAILE

| 策　　划 | 李　磊 |
| 责任编辑 | 王浩亮 |
| 复　　审 | 任小明 |
| 终　　审 | 康　健 |
| 装帧设计 | 崔文娟 |
| 印装监制 | 蔡　洁 |

**出版发行** 山西出版传媒集团·山西教育出版社
（太原市水西门街馒头巷 7 号　电话：0351-4729801　邮编：030002）

| 印　　装 | 山西新华印业有限公司 |
| 开　　本 | 890×1240　1/32 |
| 印　　张 | 5 |
| 字　　数 | 104 千字 |
| 版　　次 | 2025 年 5 月第 1 版　2025 年 5 月第 1 次印刷 |
| 书　　号 | ISBN 978-7-5703-3609-8 |
| 定　　价 | 23.00 元 |

如发现印装质量问题，影响阅读，请与出版社联系调换。电话：0351-4729718

# 1 人类历史上的佼佼者是手艺人

人类从诞生的那一刻起，手艺人在人类文明的进步中就一直充当着推进剂的角色。新石器时期，原始人类中的佼佼者们，便从劳动实践中脱颖而出。他们将不规则的石头打磨成利刃的形状，以便轻松地割开猎物的皮肉；将动物的骨头磨成细细的骨针，将兽皮缝制成衣服，以抵御寒冷。钻木取火，让人类一改茹毛饮血的生活方式，熟食极大地促进了人类大脑的发育。劳作之余，他们将五颜六色的石头磨成细粉，调成颜料，在平整的崖壁上画出他们所见过的动物、植物，记录下他们史前生活中的千姿百态。手艺人最大的贡献是激发、开拓了人类的思想火花，人类文明在他们的启发下一步步向前迈进。

山洞中生活的原始人

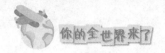

一代代、一批批的手艺人推动着人类走向更加文明的
征程。从龙门石窟、云冈石窟、乐山大佛那鬼斧神工的石
刻艺术，到敦煌壁画和花山岩画，再到三星堆那些令世人
叹为观止的青铜铸造技艺，它们向人类展示的不仅仅是精
湛的技艺，它们点燃了人类文明之火，创时代之新，创历
史之新，创人类之新。

手艺人的出现，是人类文明进步的必然。思想中的每
一次闪念，都是点燃人类文明之火的火种，从诺亚方舟的
传说，到人类远涉重洋征服大海，从嫦娥奔月的畅想，到
人类脚踏实地站在月亮之上，探索浩瀚的宇宙，美好的未
来正在一代代手艺人手中描绘。人类的文明进程踏上了日
新月异的征程。

人类登月

一个国家、一个民族的进步、发展、腾飞，都离不开
一代代匠人的努力和付出。从制作大国重器的大工匠，到

关乎衣食住行的小制造，每个环节都起着不可或缺的作用。就像一部运转的机器，缺少了任何一个环节、一个零件，都会停止运转，变成一堆废铁。

　　纵观中华民族的发展史，从神农尝百草，到造纸术、活字印刷术、指南针、火药四大发明的诞生，从大禹治水到高峡出平湖的三峡大坝，从明朝士大夫万户把47个自制火箭绑在身上试图翱翔太空到"两弹一星"研制成功、中国空间站建造成功，让我们把遨游宇宙、俯瞰地球的梦想变为现实，中华民族走过了站起来、富起来、强起来的光辉历程，成为一颗屹立于世界东方的璀璨明珠。

## 2  社会大分工让工匠脱颖而出

在距今七八千年前的原始社会末期，人类出现过三次社会大分工。第一次是指农业部落和游牧部落从狩猎、采集者中的分离。这次分工推动了商品交换的发展，也为私有制的产生提供了物质基础。第二次社会大分工指手工业从农业中分离出来。第三次社会大分工指原始社会瓦解、奴隶制社会形成时出现的一个不从事生产而专门从事商品交换的商人阶级。商人阶级的出现，缩短了商品买卖的时间，扩大了商品的销路，又一次推动了商品生产和交换的发展。

现在我们重点来看看第二次社会大分工。随着铜器、青铜器和铁器的应用，开始出现大面积的农田耕作和伐林垦荒。农业在规模上的扩大，导致经营种类的增多，除了谷物种植以外，还经营园艺，栽培各种经济作物，把经济作物加工成油、酒，等等。随着经营规模的扩大和经营活动的丰富，各种手工操作，如金属加工、纺织、制陶、酿酒、榨油、造船、皮革加工等活动逐渐增多，操作者经验日益丰富，制作技术不断改进。又农耕，又畜牧，又进行各种手工制作的人越来越难以胜任，于是有人脱离农业或畜牧业生产而转入手工业的专门化发展。专职的手工业者逐渐增多，手工业终于从农业活动中分离，成为一个独立的生产部门。正是因为这次分工，才有了各行各业的手工业者，才使得各种身怀绝技的工匠脱颖而出。

大面积的农田耕作

三次大分工奠定了以后社会分工的基本格局，并且对社会经济发展产生了重大影响。商业的产生和发展，对社会经济、政治、文化等产生了全面的影响。

工匠，顾名思义就是有工艺专长的匠人。马克思主义哲学告诉我们，劳动创造了人，人由猿人通过劳动，它的智力得到了开发，那么它在劳动中产生了这种交流，提高了工艺，然后出现了剩余，然后就产生了国家，产生了社会，产生了我们各个阶层。所以说工匠是早于国家产生的，在国家这个概念出现之前，工匠就已经产生了。在原始社会末期，有历史记载的工匠就有六七千年了，它比我们有文字记载的历史都早。从手工业、农业当中分离出来

产生了工匠，这是我们原始社会末期最先进的生产力，工匠也是我们原始社会末期最先进的生产力。由工匠产生了三十六行，三十六行成倍地发展到现在的三百六十行，三百六十行，行行出状元。由行业发展到现在，通过社会化大生产形成了我们现在所说的三大产业，形成了国家国民经济的一个支柱。这就是工匠产生的一个悠久的历史。

　　工匠来历好久远，文明古国最璀璨。中华民族有着五千年的文明发展史，各个时期都涌现出大批不朽的杰出工匠，四大发明更是加快了人类文明发展的步伐，在人类文明发展史上留下了永不磨灭的印记。

活字印刷术

指南针

造纸术

火药

四大发明

**3　工于形、匠于心**

在当今科学技术、社会经济、人类文明发展日新月异的时代，工匠如今已经是一个耳熟能详的名词了。2016年3月5日国务院总理李克强在作政府工作报告时说，鼓励企业开展个性化定制、柔性化生产，培育精益求精的工匠精神，增品种、提品质、创品牌。"工匠精神"出现在政府工作报告中，让人耳目一新。那么什么是工匠呢？

工匠，简单地说就是有工艺专长的艺人，英语叫Artisan。它指专注于某一领域、针对这一领域的产品研发或加工过程全身心投入，精益求精、一丝不苟地完成整个工序的每一个环节，这种人可称其为工匠，在现代也被称为大师傅、技术员等。

现代"工匠"

工匠与常人有什么不同吗？首先，工匠有着坚忍不

拔、勇往直前的决心、毅力和勇气。崇尚劳动，热爱劳动，辛勤劳动，爱岗敬业，勇于创新，淡泊名利，甘于奉献。每个人都希望自己能够成功，然而，成功并不是一蹴而就的，需要经过长时间的磨炼与拼搏，就像一棵小树苗，要经过几十年甚至上百年的风吹雨打才能长成参天大树。

其次，要想成为一名工匠，就要不断地学习，掌握新的知识和技艺，在长期的实践中，不怕失败，不怕挫折，执着专注，精益求精，一丝不苟，追求卓越。经过千锤百炼的磨炼、锻造，才能在某一领域成为佼佼者。

中国有句古语："三百六十行，行行出状元。"这里说的状元，其实就是我们所说的各行各业出类拔萃的工匠。工匠不一定都是具有很高文化程度的人，他们中间有知识分子、科学家，也有文化程度不高的普通人，更有目不识丁的下里巴人，像探索宇宙奥秘的科学家，攻克知识难题的学术大师，还有那些从事最简单劳动的工人、农民、木匠、石匠、裁缝、厨师等，他们虽然行业不同，却没有高低贵贱之分，他们都在各自的领域里做出了非凡的成绩，同样受到世人的尊敬与仰慕。这就是工匠，这就是受到世人赞叹、佩服、敬仰的匠人。

各行各业的优秀工匠

当崇拜的激情褪去之后，我们进行冷静的思考就会发现，一个人之所以能够成为某一领域中的顶尖人物，不仅仅是因为他拥有精湛的技艺和天赋，更是由于他拥有优秀工匠的情怀和气质。这种情怀和气质，我们可以简单地归结为坚持、勤劳、专注、严谨、精益求精。然而，不论什么样的情怀和气质都离不开一个内核，那就是敬业精神。一个人只有忠于自己的职业和岗位，在工作中展现出极高的敬业精神，才能真正诠释优秀工匠的情怀和气质，并通过这些情怀和气质让自己不断取得一个又一个的突破和成就，最终让自己成为一名真真正正的优秀工匠。

## 4 工匠的师傅叫祖师

《周礼·考工记》中讲："知者创物，巧者述之守之，世谓之工。百工之事，皆圣人之作也。"民间有句名言称："天下百工圣人作"，也就是说，各行各业都有它们的创始人、主管者——祖师。

行业祖师崇拜是民间文化的一个分支，过去各行各业都很重视，视其为本行业的保护神。民间有"三百六十行，无祖不立"的说法。祖师都是些很有名望的人，或是某种技艺的发明创造者；或是对某一行业的形成，有过重大贡献的人；或是某位历史名人，曾做过某种行业。反正都是直接或间接地开创、扶持过本行业。当然也有些人成为祖师纯属偶然，有的是后人强行安上去的。有的是几个行业共用一个祖师，还有的则是一个行业有好几个祖师。

现在让我们简单来看看我国古代一些行业都供奉了哪些祖师。

中华农耕文化的祖师：神农氏

教育界、儒学的祖师：孔子

茶叶行的祖师：陆羽

纺织业的祖师：黄道婆

丝绸业、蚕农的祖师：嫘祖

孔子画像

造纸业的祖师：蔡伦

印刷业的祖师：毕昇

馒头行业的祖师：诸葛亮

酿酒业的祖师：杜康

中医内科的祖师：孙思邈

华佗画像

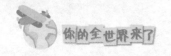

中医外科祖师：华佗

我们无法把所有行业的祖师都一一列举出来，通过以上的列举，我们可以管窥到中华文明的博大精深。这些祖师中，既有平民百姓，也有达官贵族，更有炎黄始祖神农氏，至圣先师孔子，开国皇帝朱元璋。说起朱元璋，他不光被北京烤鸭业奉为祖师，他还是酸梅汤业的祖师。相传在元朝末年，湖北荆襄一带闹起了瘟疫。当时朱元璋以卖乌梅为生，当他来到襄阳时，正赶上瘟疫流行，朱元璋自己也被传染，病倒在了旅店里。朱元璋去旅店库房取乌梅时，闻到了乌梅的酸味，马上精神了起来。然后朱元璋又煮了些乌梅汁喝，病竟然好了。朱元璋知道乌梅汁可以治病后便广为销售，迅速富裕起来，为日后起兵反元奠定了经济基础。直到民国时期，很多专门卖酸梅汤的小店里还要挂上朱元璋的画像，定期都要上供祭拜。

## 5 中华农业第一匠人——神农氏

提起"三皇五帝"大家可能都有些了解。尽管在先秦古籍中的记载有些差异，但是大部分的记载中，神农氏都是三皇之一。

神农氏出生于姜水，姜水在今陕西宝鸡境内，有一种说法是神农氏姓姜、伊耆，号神农，烈山氏，也称炎帝。神农氏是我国原始社会时期一位勤劳、勇敢、睿智的部落首领。"氏"指神祇、社稷、宗庙，逐步发展成为后期的国家和王朝。

这个时候的人们生活还是非常艰难的，只能靠狩猎果腹，可是天上的飞禽越打越少，地上的走兽越打越稀，加之人们的生育，人口越来越多，虽然人们也尝试着采摘一些草籽、野果用于果腹，但那个时候五谷和杂草长在一起，药物和百花开在一起，哪些可以吃，哪些可以治病，谁也分不清。人们就只好饿肚子。谁要生疮害病，无医无药，只有听天由命了。老百姓的疾苦，神农氏看在眼里，疼在心里。

相传神农长了个独特的身体。他一生下来肚皮就是透明的，肚子里的五脏六腑看得清清楚楚。从那以后，神农开始尝遍大自然中的各种植物，哪种植物可以吃，哪种不能吃，哪种花草有毒，哪种花草可以治病，他都一一记录

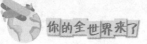

下来。慢慢地，他尝出了一些谷子能充饥，就让大家把种子带回去在居住地附近种植，这就是后来的五谷。同时他还尝过各种植物的花草根叶，体察百草寒、温、平、热的药性，辨别百草之间像君、臣、佐、使般的相互关系。曾经一天就遇到了七十种剧毒，他神奇地化解了这些剧毒。神农一一记下这些草的药性，写成《神农本草经》，为天下百姓治病。

神农画像

传说有一次神农看到一种叶子，正好他口渴了，便顺摘了几片放在嘴里咀嚼。这一嚼，还真解渴，神农又扯了几把咀嚼着。他感觉肚子里有东西在摩擦。神农的肚子是透明的，看到叶子把他的胃擦洗得干干净净。这一发现使他大为高兴。他断定这叶子既解渴，又能解毒，便把这种叶子称为"查"。后世人读白话叫成了"茶"。这就是现在我们经常饮用的茶叶。神农尝百草，经常会中毒，每次都多亏了"查"解救了他。

虽然神农为大家找来了五谷，但那时候的耕种水平低，粮食产量远远满足不了人们的需求。于是神农又发明了耒耜。耒耜是一种像现在我们用来耕地的犁一样的农具。神农发明耒耜是受到"野猪拱地"的启发。一次，神农和大家一起围猎，来到一片林地，林地里一头凶猛的野猪正在拱地，长长的嘴巴伸进泥土里，一撅一撅地把土拱起，一路拱过，留下一片被翻过的松土。神农受到这个启发，便发明了像犁一样的耒耜，不仅翻整了土地，改善了地力，而且将种植由穴耕变为条耕，使谷物产量大大增加。

此外，神农还教授世人织麻为布，以御民寒；陶冶器物，以储民用；削桐为琴，以怡民情；首辟市场，以利民生；剡木为矢，以安民居。所以，神农被后世誉为中华民族之祖、农业之祖、医药之祖、商贸之祖、音乐之祖等，对中华文明做出了不可磨灭的巨大贡献。

神农雕像

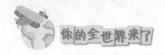

## 6 百工圣祖——鲁班（上）

提起鲁班，在我国可谓家喻户晓。2500 多年来，人们把很多古代劳动人民的集体创造和发明都集中到他的身上，比如锯子、曲尺、墨斗、云梯、石磨、雕刻、伞等。实际上鲁班的名字已经成为古代劳动人民智慧的象征，充分说明了人们对鲁班的喜爱。

鲁班

相传，有一次鲁班去山里砍柴，一不小心，手被草叶划破了，血一下子渗了出来。小小的草叶怎么会把手划破呢？鲁班忍着疼痛仔细观察那片草叶，原来草叶的边缘长着一圈锋利的密密的小齿，鲁班拿着草叶在手背细嫩处轻轻一划，草叶上锋利的小齿轻松地把皮肉划开一道小口子。手虽然很疼，但鲁班的心里却一阵高兴，从这片草叶上他想到了一个问题，要是有这样齿状的工具，木匠们在干活时不就可以轻松地锯断树木、锯开木头了吗？回家后，鲁班立刻开始了他的试验，经过多次改进、试验，鲁班终于发明了锋利的锯子，大大提高了工效。后来鲁班又相继发明了刨子、钻子等工具，使当时的工匠们从原始繁重的劳动中解放出来，劳动效率成倍提高，土木工艺出现了崭新的面貌。人们为了纪念这位名师巨匠，专门把鲁班尊为中国土木工匠的始祖。

鲁班不光发明了大量的木工工具，在其他方面也有着很多的发明创造，不然怎么会说他是百工圣祖呢？

鲁班雕像

相传石磨就是鲁班发明的。古时候人们加工粮食是把谷物放在石臼里用杵来舂捣，既费力又费时。鲁班经过长

时间的观察琢磨，他找来两块坚硬的圆石，各凿成密布的浅槽，合在一起，用人力或畜力使它转动，就把粮食磨成粉了。这就是现在我们所说的磨。磨的发明把杵臼的上下运动改为旋转运动，使杵臼的间歇工作变成连续工作，大大减轻了劳动强度，提高了生产效率，这是古代粮食加工工具的一大进步。

打水井也是鲁班的一大发明。"古者穿地取水，以瓶引汲，谓之为井。"相传第一个在地下掘出水来的人是舜帝；而第一个在山区打出深水井的人就是鲁班。水井打好后，鲁班又发现人们在取水时很费力费时。于是，鲁班又开始了他的奇思妙想，发明出用来拉水的滑轮，后来滑轮"转"成了辘轳，辘轳又"转"成了风车，风车又"转"成了水车。

除了这些日常生活中的发明，在春秋战国那个动荡的时代，鲁班还发明了很多用于战争的武器。比如"钩强"也称"钩拒"。是古代水战用的争战工具，可钩住或阻碍敌方战船。还有著名的用于攻城的"云梯"，从而引发了那场著名的公输班、墨子对论。

### 7　百工圣祖——鲁班（下）

　　鲁班的发明我们在这里不能一一道来，详尽说明。现在咱们只说一件东西，一件益智类玩具，也许很多同学都曾经玩过，这就是——鲁班锁。鲁班锁，也叫"八卦锁""孔明锁"，因为也有一种说法是诸葛亮发明或进一步改进的。鲁班锁是广泛流传于中国民间的智力玩具，还有"别闷棍""六子联方""莫奈何""难人木"等叫法。

百工圣祖——鲁班

19

鲁班锁

传说鲁班为了测试儿子是否聪明，用6根木条制作一件可拼可拆的玩具，叫儿子拆开。儿子忙碌了一夜，才终于拆开。这种玩具后人就称作鲁班锁。鲁班锁的原理起源于中国古代建筑中首创的榫卯结构。榫卯是在两个木构件上所采用的一种凹凸结合的连接方式，不用任何钉子、绳子等连接物，全凭构件上的卯榫支撑。凸出部分叫榫（或榫头）；凹进部分叫卯（或榫眼、榫槽），榫和卯咬合，起到连接作用。这是中国古代建筑、家具及其他木制器械的主要结构方式。榫卯结构是榫和卯的结合，是木件之间多与少、高与低、长与短之间的巧妙组合，可有效地限制木件向各个方向的扭动。鲁班锁就是巧妙地运用了榫卯结构，这种三维的拼插器具内部的凹凸部分（即榫卯结构）啮合，十分巧妙。外观看是严丝合缝的十字立方体。一般都是易拆难装。拼装时需要仔细观察，认真思考，分析其

内部结构。

　　各行各业为了激励先进，都设有自己的表彰奖项。那么在我国建筑界最高奖是什么呢？那就是"鲁班奖"。鲁班奖是我国建筑行业工程质量的最高荣誉奖，创立于1987年，每年评审一次，两年颁奖一次。北京鸟巢、国家大剧院、港珠澳大桥这些著名的建筑都曾荣获过中国建筑行业工程质量最高荣誉奖——鲁班奖。

## 8 造桥第一人——李春

李春，中国隋朝著名的桥梁工匠，《安济桥铭》中记有："赵州蛟河石桥，隋匠李春之迹也，制造奇特，人不知其所以为。"赵州桥，凝聚了李春的汗水和心血。李春成为中国乃至世界建筑史上第一位桥梁专家。

赵州桥的敞肩圆弧拱形式是中国劳动人民的一大创造，西方在 14 世纪才出现敞肩圆弧石拱桥，已经比中国晚了 600 多年。

采用敞肩是李春对拱肩进行的重大改进，把以往桥梁建筑中采用的实肩拱改为敞肩拱，即在大拱两端各设两个小拱，靠近大拱脚的小拱净跨为 3.8 米，另一拱的净跨为 2.8 米。这种大拱加小拱的敞肩拱具有优异的技术性能，首先，可以增加泄洪能力，减轻洪水季节由于水量增加而产生的洪水对桥的冲击力。古代洨河每逢汛期，水势较大，对桥的泄洪能力是个考验，四个小拱就可以分担部分洪流，据计算四个小拱可增加过水面积 16% 左右，大大降低洪水对大桥的影响，提高大桥的安全性。其次，敞肩拱比实肩拱可节省大量土石材料，减轻桥身的自重，据计算四个小拱可以节省石料 26 立方米，减轻自身重量 700 吨，从而减少桥身对桥台和桥基的垂直压力和水平推力，增加桥梁的稳固。再次，增加了造型的优美，四个小拱均衡对称，大拱与小拱构成一幅完整的图画，显得更加轻巧秀丽，体现建筑和艺术的完整统一。最后，符合结构力学理论，敞肩拱式结构在承载时使桥梁处于有利的状况，可减少主拱圈的变形，提高了桥梁的承载力和稳定性。

而采用圆弧拱形式，则改变了中国大石桥多为半圆形拱的传统，中国古代石桥拱形大多为半圆形，这种形式比较优美、完整，但也存在两方面的缺陷：一是交通不便，半圆形桥拱用于跨度比较小的桥梁比较合适，而大跨度的桥梁选用半圆形拱，就会使拱顶很高，造成桥高坡陡、车马行人过桥非常不便。二是施工不利，半圆形拱石砌石用的脚手架就会很高，增加施工的危险性。为此，李春和工匠们一起创造性地采用了圆弧拱形式，使石拱高度大大降低。赵州桥的主孔净跨度为 37.02 米，而拱高只有 7.23 米，拱高和跨度之比为 1∶5 左右，这样就实现了低桥面和大跨度的双重目的，桥面过渡平稳，车辆行人非常方便，而且还具有用料省、施工方便等优点。当然圆弧形拱对两端桥基的推力相应增大，需要对桥基的施工提出更高的要求。

赵州桥这样突出的技术成就和像李春这样杰出的桥梁专家，在封建社会中并不为封建统治者所重视，甚至在史书中也没有留下多少痕迹，我们除了知道隋朝工匠李春设计建造了这座举世闻名的大桥外，对其他却一无所知，不能不说是一个很大的遗憾。但是即便如此，我们仍然坚

信：李春作为一代桥梁专家，赵州桥作为一座历史名桥将永载祖国史册，为后人所牢记。

赵州桥

赵州桥凝聚了我国古代劳动人民的智慧与结晶，开创了中国桥梁建造的崭新局面，激励着新时代的中国人奋勇前进。如今，我国的桥梁建造技术已名列世界前茅。港珠澳大桥、武汉长江二桥、杭州湾跨海大桥等，都以其艰难的施工条件、前所未有的造桥技术和优美的外形设计以及令人瞠目结舌的施工进度而令世界瞩目。

李春雕像

## 9 纸上留名——蔡伦

同学们，当你阅读手中这本书时，你会想到什么问题？是作者的文笔？印刷装帧的精美？当然，还有这泛着书香的纸张。不错，从文字诞生的那一刻起，它就一直在寻觅着合适的承载它的载体。从商朝时的龟甲、牛肩胛骨上刻画的甲骨文，到周朝时青铜钟鼎上铸造的金文，再到秦朝时竹简、木简上的书写，文字在一步步地走向它理想的归宿。直到东汉时期，一张轻便精薄的纸张终于诞生，从此文字找到了让它酣畅淋漓、尽情宣泄的舞台。纸的发明被列入中国古代四大发明之一，它的发明者就是东汉的蔡伦。

蔡伦，字敬仲，东汉桂阳郡人（今湖南郴州）。蔡伦出身于一个贫穷的铁匠家庭，因为家庭贫困，他在很小的时候就被父母卖给了人贩子。可悲的是在蔡伦十三四岁的时候又被人贩子卖到皇宫，受宫刑后做了一名太监。蔡伦生性聪明，天资很高，入宫后很快便熟知宫廷礼仪。蔡伦勤奋好学，孜孜不倦，很快便能识文断字，通识典籍。东汉时期的书籍都是用绳子连接的、可记载文字的竹片或木片。蔡伦在阅读自己喜爱的文章时，深觉简牍的笨重，阅读的艰辛。

有一天，蔡伦忽然发现了一种薄薄的东西，很适合在

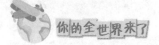 

上面书写文字。这就是被我们现代人命名的灞桥纸。灞桥纸是西汉时期的一种纸，是1957年在西安东郊灞桥考古时发现的。当时这些纸黏附在一面铜镜上，考古专家把它们小心翼翼揭下后，有大小80多片，最大的一张长宽约10厘米，专家们给它定名为"灞桥纸"。并介绍说这是世界上迄今所见最早的纸片。当然，这是纸张最早的雏形，不能和后来蔡伦发明的纸张比较，更不能和现在的纸张相比。

造纸的工具

蔡伦发现这种"灞桥纸"后，立刻来了兴趣。经过仔细的观察琢磨，他发现这些纸是用粗纤维制成的。经过反复思考揣摩，蔡伦决定亲自动手试着造一张纸。他找来树皮、破麻布、破渔网等，让人把它们切碎剪断，放在一个大水池里浸泡，过了一段时间后，其中的杂物腐烂了，而纤维却不易腐烂，保留了下来。他再让人把浸泡过的原料捞起，放入石臼中不停地搅拌，直到它们成为浆状物，然后再用一张方的竹篾把它们捞起，沥尽汁水后待其干燥，干燥后，竹篾上留下一层薄薄的物质，仔细把它们揭下来，于是一张可以用来写字的纸就做成了。后来，蔡伦带着大家又反复地实验，终于试制出既轻薄柔软，又取材容易、来源广泛、价格低廉的纸。

正是蔡伦对纸的不懈研究，使造纸术成了我国的伟大发明。纸张和蔡伦的造纸工艺后来传到了朝鲜，又传到了日本，唐朝时又传到了阿拉伯，再由阿拉伯传到欧洲，影响了整个世界。

可惜的是后来蔡伦卷入了宫廷的权力斗争，为了不受侮辱，蔡伦洗净身体，整戴衣冠，自杀而亡。然而，蔡伦发明的造纸术，对人类文化的传播和世界文明的进步做出了杰出的贡献，千百年来备受人们的尊崇，让全世界人民都铭记在心。

蔡伦雕像

**10** 武将干了文人的事——蒙恬制笔

上一章我们讲了蔡伦造纸，那么有了纸以后用什么来写字呢？当然是用笔了，可是笔是什么时候发明出来的呢？在古埃及，人们是把芦苇管加热、烘干、削尖，沾上菜汁调和成墨汁写字。而中国从古到今的文人都喜欢用毛笔写字，所以你会想毛笔一定是个文质彬彬的书生发明的吧！你恰恰想错了，这毛笔却是一个看似粗鲁野蛮、手握刀戈、征战疆场的武将发明的，他就是秦始皇时期的大将蒙恬。

古代的笔

公元前223年，蒙恬带兵在外作战，他都要定期写战报呈送秦始皇。当时，人们用的笔，都是把竹签削尖蘸墨写字，竹签不吸水，蘸上墨没写几下又要蘸，甚至一个字都没写完墨就没了，很不方便。一天，蒙恬打猎时打中一只野兔，兔子受伤后想拼命逃脱，流出的血滴到尾巴上，尾巴在地上拖出了一道血迹，蒙恬一看心中不由来了灵感。

　　蒙恬下马抓住野兔，回营后他剪下一些兔尾毛，插在竹管上，试着用它来写字。可是兔毛油光光的，不吸墨。试了几次效果还是不行，于是蒙恬随手把那支"兔毛笔"扔进了门前的石坑里。有一天，他无意中又看见了那支被自己扔掉的毛笔。捡起来后，他发现湿漉漉的兔毛变得更白了。他将兔毛笔往墨盘里一蘸，兔尾竟变得非常"听话"，写起字来十分流畅。原来，石坑里的水含有石灰质。经碱性水浸泡，兔毛的油脂去掉了，变得柔顺起来，而且还能吸饱墨汁，可以连续写很多字。这就是传说中毛笔的来历。

　　当然，通过现代考古发现，在战国时期的楚国墓葬里就发现过毛笔的雏形，所以说，毛笔是古代先人集体智慧的结晶，但蒙恬毫无疑问是毛笔的改良者，他改良的毛笔更接近现代的毛笔，其功亦不可没。后人还是把蒙恬奉为"笔祖"。

　　现代文人最喜欢的文房四宝就是湖笔、徽墨、宣纸、端砚。湖笔之乡就在浙江湖州南浔区善琏镇。相传蒙恬的夫人卜香莲就是善琏西堡（今属浙江湖州善琏镇）人，也

擅长制作毛笔，民间称她为"笔娘娘"。蒙恬夫妇把制笔的工艺传授给善琏西堡的村民，"湖笔"从此闻名天下。直到现在，村里的笔工为了纪念蒙恬夫妇，每年农历三月十六日，都会祭祀他们，缅怀蒙恬夫妇对中华文化的特殊贡献。

蒙恬夫妇像

蒙恬是山东临沂人，在古代临沂可是出过不少的名人，不光有诸葛亮、荀子、曾子等人，还有两位善用毛笔、如雷贯耳的大书法家王羲之和颜真卿。他们的《兰亭序》和《祭侄文稿》被世人公认为天下第一、第二行书。他们用毛笔书写了近两千年的辉煌，他们与同乡的蒙恬结缘，与毛笔结缘，这不能不说是历史神奇的契合。

蒙恬冤死于赵高谋反。蒙恬之死，奏响了大秦帝国灭亡的挽歌。

## 11 让文字舞动起来的人——毕昇

同学们，你们知道在一千多年前一本书是怎么印刷出来的吗？说起来你们会感到惊讶不已。不管这本书有多少字，都要一个字一个字地雕刻到一整块木板上，然后刷上墨，再铺上一张纸压平，揭下后就是一页书稿，如果说这本书有一百页，那么你就要雕刻一百块雕版，这就是雕版印刷。

雕版印刷要在一块一定厚度的平滑的木板上，粘贴上抄写清晰、工整的书稿，薄而近乎透明的稿纸正面和木板相贴，字就成了反体，笔画清晰可辨。雕刻匠人用刻刀把版面没有字迹的部分削去，就成了字体凸出的阳文。印刷的时候，在凸起的字体上涂上墨汁，然后把纸覆盖在它的上面，轻轻拂拭纸背，字迹就留在纸上了。这对每块雕版的要求都是精益求精，不容一点差错。如果中间有一个字刻错了，刻坏了，为了保证书籍质量，那么这块雕版就要报废，重新另刻一块。这样印刷不仅费时费力，而且印刷一本书的成本非常高。公元971年成都刻印全部5048卷的《大藏经》，光雕版就刻了13万块，花费了12年时间。谁来改变这种繁冗辛劳的印刷术呢？下面我们要讲的就是活字印刷术的发明者——毕昇。

毕昇（972—1051），出生于淮南路蕲州蕲水县（今湖

北省黄冈市英山县），为北宋发明家，活字印刷术的发明者。毕昇当时就是一名专事手工印刷的工匠，在杭州书肆做刻工。常年的艰辛劳作，让毕昇萌发了如何改进这种劳神劳力印刷术的想法。但是如何改进呢，很长时间里毕昇也没想出什么好的办法来。有一年过清明节，毕昇带着妻儿回老家祭祖。这天，毕昇的两个儿子闲着没事便玩过家家的游戏，他们用泥做成了锅、碗、桌、椅、猪、人，随心所欲地排来排去，玩得好不开心。看着孩子们玩得开心，毕昇心里也很高兴，看着孩子把那些泥做的物件摆来摆去的时候，毕昇心里一动，一个想法立刻出现在他的脑子里：我何不也来玩过家家，用泥刻成单字印章，不就可以随意排列，排成文章了吗？回到书肆后，毕昇立刻着手自己的试验，用胶泥做成一个个规格统一的单字，用火烧硬，使其成为胶泥活字，然后把它们分类放在木格里，一般常用字备用几个至几十个，以备排版之需。排版时，用一块带框的铁板作底托，上面敷一层用松脂、蜡、纸灰混合制成的药剂，然后把需要的胶泥活字一个个从备用的木格里拣出来，排进框内，排满就成为一版，再用火烤。等药剂稍熔化，用一块平板把字面压平，待药剂冷却凝固后，就成为版型。印刷时，只要在版型上刷上墨，敷上纸，加上一定压力，就行了。印完后，再用火把药剂烤化，轻轻一抖，胶泥活字便从铁板上脱落下来，下次又可以再用。文字在这一刻彻底摆脱了束缚，成了自由舞动的精灵。这就是毕昇发明的活字印刷术。

毕昇上身像

毕昇活字印刷术的发明，是中国古代四大发明之一，是中国印刷术发展中的一个根本性改革，在世界科学技术的历史长廊中树立了不朽的丰碑，被西方学者称为"文明之母"。

毕昇与活字印刷

33

## 12 琢玉巨匠——陆子冈

　　和西方传统文化不同，中国人自古就喜欢玉石。玉，在中国人的心目中象征着瑰丽、高尚、坚贞、圣洁。几千年来人们敬玉、爱玉、赏玉、戴玉、玩玉、藏玉，人们对玉怀着一种特殊的情感。美玉无瑕、白璧无瑕、冰清玉洁，人们用极尽美好的词语褒扬玉的品质。君子如玉，温润而泽，《国风·秦风·小戎》里就有"言念君子，温其如玉"的诗句，意思就是作为一个谦和的君子，应当时时以玉之触手温润如玉，光华内敛为要求自省，君子当以宽容如海之度，待人和煦，举止从容有度，处事给人如沐春风之感。

"返璞归真"的玉壶

去除糟粕，让璞石"返璞归真"是玉石最为华丽的转身。它需要那些技艺精湛的玉雕工匠们的奇思妙想、精琢细磨。这也是"琢磨"这个词的由来。下面我们就来讲一位我国古代的琢玉工匠——陆子冈。

传说少年时的陆子冈，爱上了当时知名琴师的小女"瑾儿"。青梅竹马，郎才女貌，在海誓山盟中，俩人的感情随着岁月日益增进。但事与愿违，眼看就到了适婚的年龄，瑾儿却被宫中派来选乐女的人选中，要送进皇宫为皇帝抚琴弹奏。无奈的瑾儿临行前匆匆在书房为陆子冈写下"今生守如玉，待君来世琢"的字条，便挥泪而去。

陆子冈听说瑾儿被选入宫的消息，如晴天霹雳，奔到瑾儿家中，遍寻不见爱人身影，却只看见"今生守如玉，待君来世琢"的留言。万念俱灰的陆子冈放弃富家公子的安逸生活，去了苏州，做起了玉工学徒，将对瑾儿刻骨铭心的爱情倾注于玉石琢刻之中。也许是天赋，也许是用心，很快陆子冈就成了远近闻名的治玉高手。成名后的陆子冈定了一个规矩，就是在他完成的每一件作品上都要雕刻上"子冈"或"子冈制"的名款，你一定会猜到，痴情的陆子冈希望他的作品有机会被传到宫里，也许瑾儿就有机会看到。

印有"子冈"的玉雕

突然有一天，陆子冈收到一封书信，写信人竟然是他当年的恋人"瑾儿"，原来瑾儿因水土不服，染重病后被弃之宫外，命大的瑾儿被人救下，保住性命的瑾儿却容颜不在，大量服用的药物让她面目全非，她不想让子冈见到她如今的丑陋模样，瑾儿的信仅是为了报个平安，并断言绝不会再和子冈见面。

从此以后，陆子冈再也没在他专诸巷的作坊中露过面，一时间，连他作坊里的徒弟们都不知他的下落。据苏州地方志记载，陆子冈后来出家治平寺做了一名和尚。

## 13 衣被天下——黄道婆

在上海徐汇区华泾镇东湾村有一座纪念馆，踏进馆内，门柱上写着"一梭穿行宇宙，两手织就云裳"的对联，横批是周谷城老先生写的四个大字"衣被天下"。院中树立着一尊雕像，是一尊手里拿着棉花、头上扎着布巾的农村妇女形象。塑像额前皱纹累累，脸上一派慈祥沉毅，标示着她心地善良、性格坚强，使人瞻望起来十分亲切、敬意衷生。这就是我国棉纺业的先驱，13世纪杰出的纺织技术革新家——黄道婆。

**黄道婆像**

黄道婆又名黄婆、黄母，原松江府乌泥泾（今属上海市）人，宋末元初著名的棉纺织家、技术改革家。由于家

境贫寒，黄道婆在十二三岁时便被卖给人家做童养媳。白天下田劳作，晚上织布到深夜。即使这样，还要遭受公婆、丈夫的虐待。沉重的苦难摧残着她，也磨炼了她坚毅的性格。有一次，黄道婆被公婆、丈夫一顿毒打后，又被关在柴房不准吃饭，也不准睡觉。她再也忍受不住这种非人的折磨，决心逃出去另寻生路。半夜，她在房顶上掏洞逃了出来，躲在一条停泊在黄浦江边的海船上。后来就随船到了海南岛南端的崖州，就是现在的海南三亚。

这次逃离苦海，黄道婆犹如鸟入森林，鱼归大海。来到海南后，为了早日掌握黎家技术，她刻苦学习黎族语言，耳听、心记、嘴里练，努力和黎族人民打成一片，虚心地拜他们为师。她研究黎族的纺棉工具，学习纺棉技术，废寝忘食。黎族人民不仅在生活上热情照顾黄道婆，而且把自己的技术无保留地传授给她。聪明的黄道婆，把全部精力都倾注在棉织事业上，又得到这样无私的帮助，很快就熟悉了黎家全部织棉工具，学成了他们的先进技术。

抱着造福于民的善良愿望，黄道婆不顾晚年体力衰微与生活孤单，回到家乡马上投身于棉纺织业的传艺、改良和创新活动。向乡亲们讲述黎族的优良制棉技术，还把黎家先进经验与上海的生产实践结合起来，努力发挥自己的才能智慧，积极发明创造。对棉纺织工具与技术，进行了全面的改革。制造了新的擀、弹、纺、织等工具，刷新了上海棉纺业的旧面貌。在纺纱工序上，黄道婆创造出三锭

脚纺车，代替过去单锭手摇纺车。脚踏的劲头大，还腾出了双手握棉抽纱，同时能纺三根纱，速度快、产量多，这在当时世界上是最先进的纺车。

黄道婆的纺织机

　　黄道婆回乡几年之后，松江、太仓和苏杭等地，都传用她的新法，以致有"松郡棉布，衣被天下"的盛称。元朝诗人曾热情地写诗加以赞扬："崖州布被五色缫，组雾䌷云粲花草。片帆鲸海得风归，千轴乌泾夺天造。"清朝人秦荣光一首《竹枝词》咏黄道婆："乌泥泾庙祀黄婆，标布三林出数多。衣食我民真众母，千秋报赛奏弦歌。"

## 14 废物利用的传统工艺瑰宝——螺钿

螺钿是中国特有的传统艺术瑰宝。所谓螺钿，就是用吃完肉的螺壳与海贝，主要是那些漂亮的彩色贝壳，本来是一堆已经没用的废壳，可聪明的先人却将这些本已毫无用处的贝壳磨制成人物、花鸟、几何图形或文字等薄片，根据画面需要而镶嵌在器物的表面。螺钿的"钿"字，据《辞海》中注释，为镶嵌装饰之意。由于螺钿是一种天然之物，外观天生丽质，具有十分强烈的视觉效果，因此这种传统装饰艺术，被广泛应用于漆器、家具、乐器、屏风、盒匣、盆碟、木雕等很多常用器物上。

中国螺钿的历史非常悠久，相传起源于商代的漆器。我国在琉璃河西周燕国墓地考古发掘出不少西周时期的文物，其中有1件漆器，上面的彩绘兽面凤鸟纹就采用了螺钿工艺，这是迄今为止所见到的世界上最早的螺钿漆器之一。到唐代，中国的螺钿工艺已达到相当成熟的地步，尤其是铜镜漆背螺钿，更是这一时期的工艺瑰宝。

螺钿的镶嵌工艺技法非常丰富，通常可分为硬钿、软钿与镴钿三大类。硬钿又可分为厚片硬钿、薄片硬钿、衬色甸嵌、硬钿挖嵌。"硬螺钿"是选用厚的贝壳片，如将螺贝制成薄如纸，则为"软螺钿"，若将软螺钿的底面衬上各种色彩能产生一种透色效果，就是"衬色甸嵌"。其中最著名的是软钿中的"点螺",又称"点螺漆"。"点螺",就是把螺贝制成0.5毫米以下的薄片,并切割成点、丝、片等各种不同形状,一点一点地镶嵌于黑色的漆底上,在光线下能产生奇幻、绚丽的艺术效果,是漆器装饰中的华丽螺钿。

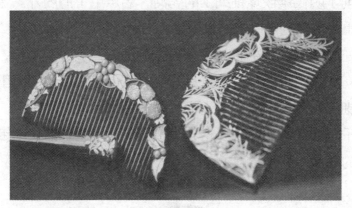

螺钿梳子

清代是螺钿家具达到高峰的时期,一般多施于珍贵的硬木家具上,比如紫檀、黄花梨、红木等。螺钿家具一直备受清朝宫廷的青睐。乾隆三十六年(1771年),两淮盐政李质颖在进贡清廷的单子上,就有"彩漆螺钿龙鸿福祥云宝座""彩漆螺钿龙福祥云屏风"等10余件扬州漆器螺钿家具,当时它们均存放在圆明园之中。

江千里,字秋水,浙江嘉兴人,生卒年不详,只知是晚明人。江千里制作的漆器后面写有两个字"千里",就是他的名号。到了清代以后,江千里,尤其"千里"这两

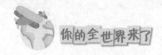

个字，就变成一个品牌，当时曾有"家家杯盘江千里"之说。许多名贵的螺钿器皿上都镶嵌有"千里"两个字。

江千里技艺精湛，一生喜用《西厢记》故事作小件软螺钿镶嵌，而传世作品也多为小件。所嵌螺钿精工细雕，浑朴华丽。漆制品有酒器、方圆小盒、笔筒、鞋杯等。他开创了明代镶嵌螺钿细工的先河，名声甲于海内外。嘉庆时重修的《扬州府志》也记录了当时流行的一副对联："杯盘处处江秋水，卷轴家家查二瞻。"查二瞻就是查士标，康熙初年画山水的名家。意思是说有钱人家都使用江千里的螺钿漆器，墙上挂着查士标的山水画，生活非常雅致。以江千里为代表的螺钿风格，直接影响了晚明及清代螺钿漆器的发展，甚至影响了今天。

螺钿碗

**15** 陶土的华丽转身——紫砂壶

"人间有仙品，茶为草木珍，美誉入杯樽，茶之荣也。"中国人自古就有饮茶的习惯，从《神农本草经》到《尔雅》都记录了茶的历史。几片青叶，一缕茶香，融入中国人五千年的哲理、伦理、道德，茶香中，一颗心慢慢沉静下来，浮躁世界红尘滚滚，唯愿内心清风朗月。

品茗需要容器，从最初的陶壶、陶碗、陶杯，经过几千年的修炼，茶叶终于找到了它最合适的归属——紫砂壶。

紫砂壶

紫砂壶是中国特有的手工制造陶土工艺品，其制作始于明朝正德年间，制作原料为紫砂泥，原产地在江苏宜兴丁蜀镇。紫砂泥分为三种：紫泥、绿泥和红泥。可以烧制紫砂壶的泥一般深藏于岩石层下，这些泥层厚度

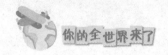

从几十厘米至一米不等。紫砂壶以宜兴紫砂壶最为出名，宜兴紫砂壶泡茶既不夺茶真香，又无熟汤气，能较长时间保持茶叶的色、香、味。

那么紫砂壶是谁最先发明制造的呢？现在通常的说法是明代正德—嘉靖时的供春，也有人称龚春。供春大约是明正德嘉靖（1522—1566）年间人，原为宜兴进士吴颐山的家僮。供春无意间看到金沙寺僧人将制作陶缸陶瓮的细土，加以澄练，捏筑为胎，规而圆之，刳使中空，制成壶样。便"窃仿老僧心匠，亦淘细土，抟坯茶匙穴中，指掠内外"，做成"栗色暗暗，如古金铁"的茶壶，这就是后来闻名遐迩的紫砂壶。因壶为供春所制，通称"供春壶"。其实从宋代起就有僧人制作紫砂壶了，不过僧人制壶都是自用，外人很少知晓，所以一直没在社会上流行开来。供春看到后十分喜欢，开始向僧人请教，潜心学习制壶，终于成为一代制壶大家。现藏中国历史博物馆的树瘿壶，就是他所制，这是供春当时仿照金沙寺旁大银杏树的树瘿，也就是树瘤的形状做了一把壶，并刻上树瘿上的花纹，烧成之后，造型古朴可爱，指螺纹隐现，把内及壶身有篆书"供春"二字。现已是无价之宝。

在明末清初年间，又出现一位制壶名匠，他叫时大彬，是著名的紫砂"四大家"之一时朋的儿子。时大彬首次在泥料中掺入砂，开创了调砂法制壶，古人称之为"砂粗质古肌理匀"，别有一番情趣。在成形技法方面，改进了供春"斫木为模"的制法，把打身筒成形法与镶身筒成形法结合起来，由此确定了紫砂壶泥片镶接成形的基本方法，是紫砂壶制法的一大飞跃；后来又首创方形、圆形壶式，成为紫砂壶造型的典型壶式。时大彬还听从陈继儒等文人的建议，改作大壶为小壶，使紫砂壶更适合文人的饮茶习惯，把文人情趣引入壶艺，使壶艺与茶道相结合，把壶艺推上了一个新的高度。

到了清康熙年间，一位叫陈鸣远的制壶工匠脱颖而出，他开创了壶体镌刻诗铭之风，署款以刻铭和印章并用，款式健雅，有盛唐风格，作品名孚中外。陈鸣远在茶壶形制设计上，力变明末筋纹器形，多以自然形体如壶，成为今日"花货类"的宗师，并使花货茶壶崛起成为紫砂茗壶的重要形制。陈鸣远还扩大了紫砂陶造型艺术的外延，把青铜器皿，文房雅玩也包括进来，诸如笔筒、瓶、洗、鼎、爵等，并使其达到了相当高的艺术水准。当时有"海外竞求鸣远碟"之说，为紫砂陶艺发展建立了卓越功勋。

名孚中外的紫砂壶

## 16 紫禁城的设计者——蒯祥

每一个到过北京的人，肯定会去的地方一定是天安门。除了看升国旗，一定也会走进故宫，去参观一下这座昔日的帝王宫。紫禁城，这个明王朝建立的伟大建筑，历经600多年巍然屹立，明清的20多位帝王都住在这里，国策大事都从这里发出，承载了太多的历史故事。那么这座伟大的工程，到底是谁设计建造的呢？

**鸟瞰紫禁城**

紫禁城的总设计师，现在流传最普遍的说法是明代杰出的建筑大师蒯祥。他是江苏苏州人，生于1398年。据说蒯祥18岁时就担当紫禁城的设计师，绝对是建筑界的天才。蒯祥的父亲也是个建筑高手，擅长木工，看来蒯祥的建筑之术和他父亲的熏陶是分不开的。民间有这么一个故事描述了蒯祥在建筑领域的高超智慧。在建造故宫期间，缅甸国王向明朝进贡了一块珍贵的木头，朱棣让木匠把它做成大殿门槛，一个木匠由于缺乏经验，锯错了，短了一尺，这可是犯了大罪啊，木匠吓得双腿发抖，赶快报告蒯祥，蒯祥看了以后思索片刻，说再锯掉一些，锯掉后，蒯祥在门槛的两端雕刻了两个龙头，然后再镶上珠宝，然后又设计让门槛可以装卸，这就是我们平时说的"金刚腿"（可以活动的门槛）。朱棣看了十分高兴，盛赞一番。蒯祥在建造宫殿楼阁的时候，只需大概计算一下，就能画出设计图纸，等完工后，建筑与他设计的尺寸丝毫不差。如此高的建筑造诣，连皇帝朱棣都称他为"蒯鲁班"。

对于蒯祥是故宫的设计者，也是有人提出质疑的，毕竟才十几岁的一个孩子，怎么能担当如此大任呢？所以又有人说是一个叫蔡信的设计了故宫。不管怎么说，故宫的设计建造应该是离不开像蔡信、蒯祥这样一群工匠的，毕竟一个浩大的工程，肯定需要总设计师，然后有分设计师等。故宫是中国古代宫殿艺术的集大成之作，也是世界上最宏伟的宫殿建筑群之一。故宫更像是几百年前建筑家们的一次"集体汇报演出"，是中华民族集体智慧的体现。

1911年辛亥革命推翻了两千多年的封建统治，紫禁城收归国有。1925年10月，紫禁城更名为故宫博物院，

供全国人民参观游览。1988年，故宫被联合国教科文组织列为"世界文化遗产"。

故宫午门

## 17 从厨子到宰相的中华厨祖——伊尹

民以食为天，吃饱肚子是人类生存的基本要求，在满足了温饱之后，人们开始追求食物的美味，烹饪作为一项技艺受到人们的广泛喜爱。今天我们要讲的这位，就是通过烹饪过程而悟出了治国安邦的道理，从而受到帝王的赏识，从一名厨师一跃而成为国家的丞相。他就是被后世尊称为中华厨祖的伊尹。

伊尹（前1649—前1550），姒姓，伊氏，名挚，史籍记载出生于洛阳伊川，商朝开国元勋，杰出的政治家、思想家、中华厨祖。

伊尹像

伊尹自幼聪明颖慧，勤学上进。跟随做厨师的父亲学

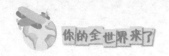

了一手精湛的烹饪技艺，很得当时的国王有莘王的赏识。史书上没有记载伊尹到底有什么样的烹饪技艺，也没流传下伊尹烹制过哪一道美味。却流传下伊尹通过烹饪的过程，从中悟出了治国安邦的道理。

来到商朝后，伊尹依旧做着他的厨师工作，为商汤烹饪饮食。有时候他会把饭菜做得非常可口，有时候会故意把饭菜做得过咸或者过淡。商汤很纳闷，便问他怎么回事，伊尹便利用这个机会给商汤讲治国的道理。他说做菜不能过咸也不能过淡，只有把作料放得恰到好处，做出的菜才有诱人可口的味道。治理国家也是如此，既不能操之过急，也不能松弛懈怠，只有恰到好处，才能把所有的事情办好。伊尹通过五味调和和掌握火候的道理，向商汤阐述治理国家的道理。经过长时间的接触交流，商汤发现伊尹确实是个难得的人才，不光做饭精致，还能通过做饭举一反三，总结出治国的道理。于是商汤解除了伊尹奴隶的身份，任命伊尹为右相。从此，伊尹辅佐商汤开始了商朝的千秋大业。

在伊尹的辅佐下，商汤筹划进攻夏的大计，最终一举灭亡了夏朝，建立了商朝。伊尹又帮助商汤制定了各种典章，使得商朝政治稳定、经济繁荣。商汤死后，伊尹又辅佐了第二代、第三代君主。《孟子》说："汤之于伊尹，学焉而后臣之，故不劳而王。"可见伊尹是中国第一个帝王之师。

帝王之师伊尹

　　"治大国，若烹小鲜。"烹煮一条小鱼，只需油盐酱醋恰到好处，但不能随便翻搅它，否则它就烂了。同样，治理一个国家，也不能过多地、随意地人为干预，而是要有所为，有所不为，让国家机器在既定的规则下自发地良性运转。只有如此，才能达到"一国之政犹一身之治"的至高境界。伊尹巧妙地运用烹饪之道悟出了治国之道，不愧为一位善于思考、聪明智慧的奴隶丞相。

## 18 从厨子到饭馆始祖的奸臣——易牙

　　前面我们讲了中华厨祖伊尹的故事，现在我们再来讲一位厨师的故事，因为他是我国从古到今第一个开私人饭馆的人，所以他被饭店行业称作祖师。虽然他在烹饪技艺方面可与伊尹比肩，但是在德行方面却与伊尹差之万里。他就是春秋时代一位著名的厨师——易牙。

　　易牙，彭城（今江苏徐州）人。易牙是第一个运用调和之事操作烹饪的庖厨，好调味，很善于做菜。因为他是厨师出身，烹饪技艺很高。好吃的齐桓公得知后，便将易牙招进宫中，成了齐桓公宠幸的近臣。

　　历史上易牙最为人们不齿的恶行莫过于烹子献靡了。有一天齐桓公对易牙说："寡人尝遍天下美味，唯独未食人肉，倒为憾事。"齐桓公此言本是无心的戏言，而易牙却把这话牢记在心，一心想着卖弄自己的本事，好博得桓公的欢心。国君何等尊贵，绝不能食用死囚、平民之肉。后来他看见自己4岁的儿子，便把儿子杀了，选了自己儿子的肉。齐桓公在一次午膳上，喝到一小金鼎鲜嫩无比，从未尝过的肉汤，便询问易牙："此系何肉？"易牙哭着说是自己儿子的肉，为祈国君身体安泰无虞，杀子以献主公。当齐桓公得知这是易牙儿子的肉时，内心很不舒服，却被易牙杀子为自己食用的行为所感动，认为易牙爱他胜

过亲骨肉，从此齐桓公更加宠信易牙。

易牙像

易牙为人心术不正，一心贪图高官厚禄。常在管仲、鲍叔牙、伯氏等人前搬弄是非，惑乱朝纲。管仲可是中国历史上著名的正人君子，有"华夏第一相"之称。他辅助齐桓公做诸侯霸主，尊王攘夷，一匡天下，使齐国成为春秋五霸之首。后来管仲身患重病，齐桓公前去探望，向管仲询问其后谁可以接替他的相位，并提出了易牙、卫开方、竖刁三个人选，管仲听罢说："易牙为了满足国君的要求不惜烹了自己的儿子以讨好国君，没有人性，不宜为相。请国君务必疏远易牙、卫开方、竖刁这三个人，宠信他们，国家必乱。"齐桓公听罢，虽十分不情愿，但还是将易牙等三人撤了职。不久，管仲病逝。

53

齐桓公重新启用易牙

三年后，齐桓公感觉吃的东西越发没有滋味，不由得又想起了易牙，把管仲的话丢到了脑后。于是又召易牙等三人回宫。第二年，齐桓公得了重病，易牙与竖刁等拥立公子无亏，迫使太子昭奔宋，齐国五公子因此发生内战。易牙等人堵塞宫门，假传君命，不许任何人进宫。后来有两个宫女乘人不备，越墙入宫，探望齐桓公；桓公正饿得发慌，索取食物。宫女便把易牙、竖刁作乱，堵塞宫门，无法供应饮食的情况告诉了齐桓公，桓公悔之晚矣，最终被活活饿死。一辈子喜好美食的齐桓公怎么也不会想到自己最后竟是被饿死的。悔不该忘了当初管仲的话，任用了这三个奸臣。

易牙作为有着高超烹饪技艺的匠人，他本可以像伊尹那样，成为中华民族源远流长的饮食文化中的开拓者而流芳千古，却贪念富贵、祸乱国家，沦为被后世唾弃的一代奸臣。

### ⑲　成语里的工匠——庖丁解牛

庖丁解牛这个成语同学们一定非常熟悉，它的意思就是比喻经过反复实践，掌握了事物的客观规律，做起事来便会得心应手，运用自如。

这个故事发生在东周时期。当时有一个名叫丁的厨师替梁惠王宰牛，厨师手所接触的地方，肩所靠着的地方，脚所踩着的地方，膝所顶着的地方，都发出皮骨相离声，手中的刀子顺着牛骨、牛筋的各个缝隙熟练地划过，很轻松地将牛肉干净地分离下来，似乎没费多少力气。梁惠王看了后惊奇地说："哎呀，你的技艺怎么会高超到这种地步！"

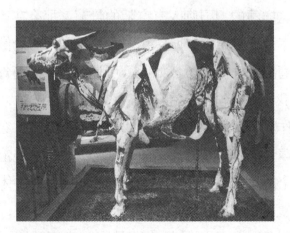

庖丁解牛图

庖丁放下手里的刀，对梁惠王说道："大王啊，我所探究的是事物的规律，这已经超过了对于宰牛技术的追求。当初我刚开始学习宰牛的时候，对于牛体的结构还不了解，无非看见的只是整头牛，费尽力气也要半天才能把一头牛收拾利索。经过这三年的时间，我现在见到的是牛的内部肌理筋骨，再也看不见整头牛了。宰牛的时候，我只是用意念、感觉、精神去接触牛的身体就可以了，而不必用眼睛去看。刀子顺着牛体的肌理结构，劈开筋骨间大的空隙，沿着骨节间的空穴使刀，都是依顺着牛体本来的结构，这样可以很轻松地把肉剔下来。技术高明的厨工每年换一把刀，是因为他们用刀去割肉。技术一般的厨工每月换一把刀，是因为他们用刀去砍骨头。而我的这把刀已用了十九年了，宰牛数千头，而刀口却像刚从磨刀石上磨出来的一样。牛身上的骨节是有空隙的，可是刀刃却并不厚，用这样薄的刀刃刺入有空隙的骨节，那么在运转刀刃时一定宽绰而有余地，所以用了十九年而刀刃仍像刚从磨刀石上磨出来一样。虽然如此，可是每当碰上筋骨交错的地方，我还是十分谨慎而小心翼翼，用心应对，目光集中，动作放慢。用刀轻轻地寻找着骨肉的缝隙，穿过之后哗啦一声骨肉就已经分离，像一堆泥土散落在地上。"

这个故事记载于庄周《庄子·养生主》，牛体结构无疑是很复杂的，庖丁解牛，为什么能一刀下去，刀刀到位，轻松简单，原因是什么？是因为庖丁掌握了它的肌

理。牛与牛当然各不相同，但不管是什么牛，它们的肌理都是一致的；每个人的生活也各有各的面貌，其基本原理也是近似的。庖丁因为熟悉了牛的肌理，自然懂得何处下刀。生活也一样，如果能领悟了生活的道理，摸准了其中的规律，就能和庖丁一样，做到目中有牛又无牛，就能化繁为简，轻松成功。

天道自然，养生全身

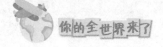

## 20 来自大唐的陀螺仪

陀螺仪是用高速回转体的动量矩敏感壳体相对惯性空间绕正交于自转轴的一个或两个轴的角速度检测装置，利用其他原理制成的角速度检测装置起同样功能的也称陀螺仪。陀螺仪最早用于航海导航，但随着科学技术的发展，它在航空航天事业中也得到广泛的应用。

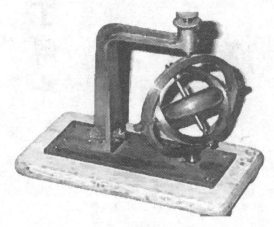

陀螺仪

58

同学们，你们知道吗，其实陀螺仪的原理在我国唐朝时期已被掌握利用。公元755年到763年，唐朝将领安禄山和史思明发动了叛乱，危急关头，为了安定军心，唐玄宗忍痛命令高力士在佛堂缢死杨贵妃。安史之乱平定后，回到皇宫的唐玄宗日夜思念杨玉环，念及旧情，密令改葬。唐玄宗便命高力士前去马嵬坡查看，高力士赶赴马嵬坡挖开旧冢时，发现当初埋葬时用于裹尸的紫色褥子以及尸体都已经腐烂，唯有杨贵妃随身携带的香囊还完好无损。唐玄宗捧着这个香囊，百感交集，好歹也算了却了一点相思之苦。

杨贵妃的香囊

杨贵妃这个香囊是球体造型，上下两半球体之间用活轴连接，另一侧以银钩扣合，上部接有银链，可供使用者佩戴于身，内层为半球形金香盂，内可盛放香料。同时，香球内的内持平环，通过轴孔与香盂连接。当内持平环在水平位置时，香盂因自身重量，可以前后轻微晃动而不会左右倾斜翻倒。但仅用一个持平环是不能避免香盂向轴的方向倾斜翻倒的。在香囊上，我们可以看到，这里是有两个圆环相连的。内外环的轴孔正好垂直，轴心线的夹角为90度。这样，香盂既不会前后倾斜，也不会左右摇晃。

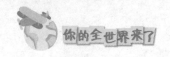 

盂心随重心作用，始终与地面保持平行。这应该说是中国机械史上一项伟大的发明。

这个香囊的原理与今天我们见到的陀螺仪原理有异曲同工之妙，物理学原理告诉我们，要使一个具有一定重量的物体不倾斜翻倒，最佳的方法是采用支点悬挂。香球就是应用了这个原理，将香盂悬挂起来。这绝对是集科技、艺术和文化于一体的大唐"黑科技"。

这个香囊也从实物角度说明，近代用于航海、航空的陀螺仪原理，早在唐代已被我国工匠所掌握，比欧洲整整早了4个世纪。这个香囊是哪个工匠制作的？历史上没有留下任何记载，但中国工匠勤劳智慧的光芒却长久地照耀着世界。

## 21 小小磁针指明方向——指南针

司南是古代人对指南针的称呼，我们现在都叫指南针或是指北针，是我国古代四大发明之一。司南是一根装在轴上的磁针，磁针在天然地磁场作用下可以自由转动并保持在磁子午线的切线方向上，磁针的南极指向地理南极（磁场北极），利用这一性能可以辨别方向，常用于航海、大地测量、旅行及军事等方面。物理上指示方向的指南针的发明有三类部件，分别是司南、罗盘和磁针，均属于中国的发明。据《古矿录》记载，司南最早出现于战国时期的磁山一带。

指南针

地球是一个大磁体。地球的两极分别在接近地理南极

和地理北极的地方。地球表面的磁体，当可以自由转动时，就会因磁体同性相斥、异性相吸的性质指示南北。先秦时代的中国劳动人民已经积累了对磁现象的认识，指南针是中国古代劳动人民在长期的实践中对磁石磁性认识的结果。

"司南"之称，始于战国（前475—前221年），终止于唐代（618—907年）。记载司南的最早的文献是《鬼谷子》，其中写道："郑人之取玉也，必载司南之车，为其不惑也。"从《鬼谷子》中的记载可以看出，郑人去"取玉"，必须要带上司南，就是为了避免迷失方向。

司南最初在我国古代主要是用于堪舆术，堪舆术就是风水术，也是中国传统文化之一。《史记》将堪舆家与五行家并行，本有仰观天象、俯察地理之意。如果摒弃迷信的色彩，风水学实际上也是地理学、地质学、星象学、气象学、景观学、建筑学、生态学以及人体生命信息学等多种学科综合一体的一门自然科学。其宗旨是审慎周密地考察、了解自然环境，顺应自然，有节制地利用和改造自然，创造良好的居住与生存环境，赢得最佳的天时、地利与人和，达到"天人合一"的至善境界。

古代的堪舆家们为了使用方便、读数容易，将磁针与分度盘结合，创制了新一代指南针——罗盘。

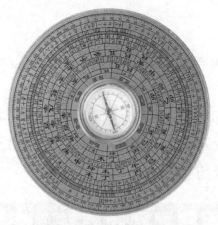

罗盘

　　在古代，指南针不光用于堪舆术，也广泛应用于军事和航海活动。后来中国的磁针和罗盘先后经由水、陆两路西传到欧洲，推进了人类文明的进程。在大航海时代和地理大发现中，指南针发挥了不可替代的重要作用。

## 22 灵丹妙药的倔强转身——火药

同学们都知道，火药是我国古代四大发明之一。但是你知道吗，火药最初的发明真是作为药类的，不然它名字里怎么会有个药字呢？

**火药的诞生**

在古代，长生不老是很多人的梦想与追求。他们深信不疑地想复制那个古老的神话——嫦娥偷吃仙丹成仙的传说。特别是那些道家和帝王，炼制丹药，吞食丹药，以求延年益寿，甚至长生不老。当然，帝王们服用了这些所谓神奇的"仙丹"之后，并没有长命百岁永葆青春。但是炼丹家在无数次失败的过程中，无意间积累了不少有关的化学知识和操作经验。首先，认识了一大批金属和非金属，并了解了它们的性质。例如，炼丹家魏伯阳、葛洪等人对硫、汞、铅等元素都做了十分透彻的研究，并用化学方法来提纯和鉴别它们。其次，认识了许多化合物以及这些化合物的反应。比如，葛洪能察知铅在不同条件下，氧化形成氧化铅、四氧化三铅和二氧化铅等。再次，在实验技术上，不仅发明了许多仪器，如加热器、蒸馏瓶、坩埚等，而且掌握了许多实验操作技术，如蒸发、过滤、蒸馏等。特别是提纯物质技术的创立，这对研究物质的性质，起着十分重要的作用。可以说，炼丹术是开启近代化学之门的一把钥匙。

火药，顾名思义，是由火花、火焰等引起剧烈燃烧的药剂。在适当的外界能量作用下，自身能进行迅速而有规律的燃烧，同时生成大量高温燃气的物质。中国是最早发明火药的国家，隋代时，诞生了硝石、硫黄和木炭三元体系火药。唐代炼丹家于唐高宗永淳元年（682年）首创了硫黄伏火法，用硫黄、硝石研成粉末，再加皂角子（含碳素）烧炼。唐宪宗元和三年（808年）又创状火矾法，用硝石、硫黄及马兜铃（含碳素）一起烧炼。这两种配方，都是把三种药料混合起来，已经初步具备火药所含的成分。很早以前，我们的先人对这三种物质就有了一定的认识。我国现在看到的第一部记载火药配方的书，成书于八九世纪。书中说"以硫黄、雄黄合硝石，并蜜烧之"，会发生"焰起，烧手面及烬至舍"的现象。这里的"蜜"应

该是蜂蜜的"蜜"，蜜加热能变成炭。硫黄、硝石与炭混合，这就是火药的配方。火药由阿拉伯人传入欧洲，欧洲人改良火药配方后制造了更为先进的火器，在欧洲反抗封建统治中起到了至关重要的作用。

"多能"的火药

在火药发明之后，起初被当作药类。李时珍在《本草纲目》中就提到火药能治疮癣、杀虫，辟湿气、瘟疫。火药没能成为长生不老的灵丹妙药，反而成了人类早期互相攻杀的利器，不知道那些炼丹的方士道士知道最终是这个结果，会作何感想。

中国的火药推进了世界历史的进程。恩格斯也曾高度评价了中国在火药发明中的作用。随着人类文明的发展，和平、发展已经成为当今世界的主题，火药已不再是战争杀戮的帮凶，更多的是为人类发展、探索宇宙、解密未来发挥积极作用。

## 23　中国最牛的建筑设计家族——"样式雷"

我们知道，一座建筑物在建造之前，设计者按照建设任务，把施工过程和使用过程中所存在的或可能发生的问题，事先作好通盘的设想，拟定好解决这些问题的办法、方案，用图纸和文件表达出来。然后由施工者按照图纸去施工，设计和施工成为专门的学科。但是在古代，建筑设计和建筑施工并没有很明确的界限，施工的组织者和指挥者往往也就是设计者。下面我们就来了解一下中国历史上最牛的建筑设计家族——雷氏家族。

在清朝康熙年间，一个祖籍江西永修叫雷发达的工匠，从江宁来到北京，参加皇家营造宫殿的工作，他就是雷氏家族的第一代，因为技术高超，很快就被提拔担任设计工作。从他开始，一直到清朝末年，雷氏家族负责过北京故宫、三海、圆明园、颐和园、静宜园、承德避暑山庄、清东陵和清西陵等重要工程的设计。那个时候的建筑设计不像现在有专业的建筑设计人员，有电脑制图，雷氏家族设计建筑方案时，都按1/100或1/200比例先制作模型小样进呈皇宫，以供皇帝审定。清代还设立了皇家建筑样式的专门设计机构，就叫"样式房"。模型用草纸板热压制成，所以又叫烫样。其台基、瓦顶、柱枋、门窗以及床榻桌椅、屏风纱橱等均按比例制成，所以雷家又被世人

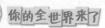

尊称为"样式雷"，先后有雷发达、雷金玉、雷家玺、雷家玮、雷家瑞、雷思起、雷廷昌等著名的工匠。几代人先后任样式房的掌案，主管样式房的工作。你现在去北京旅游，看到的宫殿、皇陵、御苑等清代重要宫廷建筑和皇家工程几乎都出自雷家之手。

雷发达画像

"样式雷"建筑世家经过几代人的智慧和汗水，留下了众多宏伟的古建筑作品，也为中国乃至世界留下了一笔宝贵的财富。"样式雷"的作品非常多，其中有宫殿、园林、坛庙、陵寝，也有京城大量的衙署、王府、私宅以及御道、河堤，还有彩画、瓷砖、珐琅、景泰蓝等。此外，还有承德避暑山庄、杭州的行宫等著名皇家建筑。总之，中国很多列入世界遗产的建筑设计，都出自雷家人之手。梁思成先生写道："在清朝……北京皇室的建筑师成了世

袭的职位……这个世袭的建筑师家族被称为'样式雷'。"

"样式雷"的建筑模型

如今在中国国家图书馆、中国第一历史档案馆、故宫博物院还保存着"样式雷"的建筑样图，涵盖了众多类型，比如投影图、正立面、侧立面、旋转图、等高线图等，建筑的每一个细节，每一个结构的尺寸，全部有所记载。此外，"样式雷"还画了"现场活计图"，即施工现场的进展图，从这批图样中，可以清楚地看到陵寝从选地到基础开挖，再到基础施工，从地宫、地面、立柱直到最后屋面完成，展现了"样式雷"的建筑施工程序。

**24** 来自古代美的享受——中华刺绣

在茹毛饮血、刀耕火种的原始社会，起初人们是没有衣服穿的，用兽皮、树皮、树叶来遮蔽身体，对身体裸露的部分人们用文身、纹面来进行装饰。自从有了麻布、毛纺织品、丝织品，有了衣服，人们就开始在衣服上刺绣图腾等各式纹样，来美化自己的生活。

刺绣，古代称为针绣，是用绣针引彩线，将设计的花纹在纺织品上刺绣运针，以绣迹构成花纹图案的一种工艺。刺绣起源很早，是历史上丝绸之路运输的重要商品之一。19世纪中叶，形成了苏绣、湘绣、粤绣、蜀绣四大名绣，成为中国刺绣的突出代表。

精美的刺绣

　　苏绣，是以江苏苏州为中心包括江苏地区刺绣产品的总称。苏绣大多以套针为主，绣线套接不露针迹。常用三四种不同的同类色线或邻近色相配，套绣出晕染自如的色彩效果。同时，在表现物象时善留"水路"，即在物象的深浅变化中，空留一线，使之层次分明，花样轮廓齐整。苏绣在艺术上形成了图案秀丽、色彩和谐、线条明快、针法活泼、绣工精细的地方风格，被誉为"东方明珠"。

　　粤绣，是广绣和潮绣的总称，以广东广州和潮州为生产中心，起源于唐代，至今已有一千多年的历史。粤绣用线形态多样，除丝线、绒线外，也用孔雀毛绩作线，或用马尾缠绒作线。针法十分丰富，把针线起落、用力轻重、丝理走向、排列疏密、丝结卷曲形态等因素都用来强化图像的表现力。粤绣最主要的针法，有洒插针（即撇和针）、套针、施毛针。粤绣还有一个独特的现象，就是绣工多为男工，和其他地区绣工多为女子不同，在绣制大件时，绣工常手拿长针站着施绣。

　　蜀绣，亦称"川绣"，是以四川成都为中心的刺绣产品的总称。蜀绣的历史非常悠久，由于受地理环境、风俗习惯、文化艺术等方面的影响，逐渐形成了严谨细腻、光亮平整、构图疏朗、浑厚圆润、色彩明快的独特风格。蜀绣作品选材丰富，有花草树木、飞禽走兽、山水鱼虫、人物肖像等。2006年5月20日，蜀绣经国务院批准列入第一批国家级非物质文化遗产名录。

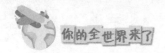

　　湘绣，是以湖南长沙为中心的刺绣产品的总称。在1912年意大利都灵博览会和1933年巴拿马万国博览会上，湘绣绣品分别获得最优奖和一等奖，被誉为超级绣品。湘绣主要以纯丝、硬缎、软缎、透明纱和各种颜色的丝线、绒线绣制而成。湘绣构图严谨、色彩鲜明，各种针法富于表现力，通过丰富的色线和千变万化的针法，使绣出的人物、动物、山水、花鸟等具有特殊的艺术效果。湘绣有着"绣花花生香，绣鸟能听声，绣虎能奔跑，绣人能传神"的美誉。

　　刺绣作为中国古老的手工技艺名扬海内外。除了"四大名绣"，我国还有陇绣、顾绣、京绣、瓯绣、鲁绣、闽绣、汴绣、汉绣、麻绣和苗绣等。

名扬海内外的刺绣

## 25 认识中国从瓷器开始

中国是瓷器的故乡，瓷器的发明是中华民族对世界文明的伟大贡献，在英文中"瓷器（china）"与中国（China）同为一词。

原始瓷器是从陶器发展而来，最早见于郑州二里岗商代遗址。东汉出现青釉瓷器。早期瓷器以青瓷为主，隋唐时代，发展成青瓷、白瓷等以单色釉为主的两大瓷系，并产生刻花、划花、印花、贴花、剔花、透雕镂孔等瓷器花纹装饰技巧。原始瓷器从商代出现后，经过西周、春秋战国到东汉，历经了一千六七百年的发展，逐步成熟。

**样式各异的瓷器**

我国古代陶瓷器釉彩的发展，是从无釉到有釉，又由

单色釉到多色釉，然后再由釉下彩到釉上彩，并逐步发展成釉下与釉上合绘的五彩、斗彩。彩瓷一般分为釉下彩和釉上彩两大类，在胎坯上先画好图案，上釉后入窑烧炼的彩瓷叫釉下彩；上釉后入窑烧成的瓷器再彩绘，又经炉火烘烧而成的彩瓷，叫釉上彩。青花瓷就是釉下彩的一种。

至宋代时，名瓷名窑已遍及大半个中国，是瓷业最为繁荣的时期。当时的汝窑、官窑、哥窑、钧窑和定窑并称为宋代五大名窑。

汝窑，在今河南宝丰清凉寺一带，因北宋时属汝州而得名。北宋晚期为宫廷烧制青瓷，是古代第一个官窑，又称北宋官窑。釉色以天青为主，用石灰—碱釉烧制技术，釉面多开片，胎呈灰黑色，胎骨较薄。

官窑，一般指南宋官窑。前期设在龙泉，后期设在临安郊坛下。官窑器物胎、釉特征非常一致，难分彼此，均为薄胎，呈黑、灰等色；釉层丰厚，有粉青、米黄、青灰等色；釉面开片，器物口沿和底足露胎，有"紫口铁足"之称。

哥窑，至今遗址尚未找到。哥窑瓷器，胎有黑、深灰、浅灰、土黄等色，釉以灰青色为主，也有米黄、乳白等色，由于釉中存在大量气泡、未熔石英颗粒与钙长石结晶，所以乳浊感较强。釉面有大小纹开片，细纹色黄，粗纹黑褐色，俗称"金丝铁线"。

钧窑，在今河南禹县，此地唐宋时为钧州所辖而得名。始于唐代，盛于北宋，至元代衰落。以烧制铜红釉为主，还大量生产天蓝、月白等乳浊釉瓷器，至今仍生产各种艺术瓷器。

定窑，在今河北曲阳润磁村和燕山村，因唐宋时属定州而得名。唐代已烧制白瓷，五代有较大发展，白瓷釉层略显绿色，流釉如泪痕。北宋后期创覆烧法，碗盘器物口沿无釉，称为"芒口"。

作为古代中国的特产、奢侈品之一，瓷器通过各种贸易渠道传到各个国家，精美的古代瓷器作为具有收藏价值的古董被大量收藏家所收藏。让人不得不敬佩古代工匠们的聪明才智和敬业精神，在没有任何科学仪器设备的情况下，他们仅凭经验和一双眼睛，观察、控制、调节窑内火的温度，就能烧出一件件精美绝伦的艺术品。

精美绝伦的瓷器

## 26 洋为中用的珐琅彩

中国作为瓷器烧造最早的国家早已誉满全球，五彩、粉彩、斗彩、青花，琳琅满目，美不胜收。但是有一种彩瓷的烧造技法却不是在中国土生土长的，而是来自西洋。这就是珐琅彩。

珐琅彩绘采用的画珐琅的制作技法起源于15世纪中叶欧洲比利时、法国、荷兰三国交界的佛兰德斯地区。15世纪末，法国中西部的里摩居，以其制作内填珐琅工艺为基础，发展成画珐琅的重镇，初期制作以宗教为主题的器物，后来逐渐制作成装饰性的工艺品。随着东西方贸易交往的频繁，尤其自清康熙二十三年（1684年）后，开放海禁，西洋制品开始涌入，西洋珐琅便由广州等港口传入中国。

康熙皇帝对这种珐琅彩非常喜欢，力图使中国的工匠掌握这门技术，在紫禁城内武英殿附近设置珐琅作，主要生产铜胎掐丝珐琅和錾胎珐琅。经过大约10年的时间，在中外匠师的共同努力下，宫廷珐琅作很快熟练掌握了金属胎画珐琅烧制技术，并烧造出一大批具有浓郁宫廷韵味的金属胎画珐琅器。

具有浓郁宫廷韵味的金属胎画珐琅器

西洋的珐琅彩都是烧在铜胎或玻璃胎上，称为金属胎珐琅、玻璃胎珐琅。珐琅又称"拂郎""佛郎""发蓝"，是一种玻化物质。它以长石、石英为主要原料，加入纯碱、硼砂为助熔剂，氧化钛、氧化锑、氟化物等作乳浊剂，加入氧化铜、氧化钴、氧化铁、氧化锰、氧化锑等着色剂，经过粉碎、混合、煅烧、熔融后，倾入水中急冷得到珐琅熔块，再经细磨而得到珐琅粉。将珐琅粉调和后，涂施在金、银、铜等金属器上，经焙烧，便成为金属胎珐琅。

既然能在金属胎上烧造珐琅彩，那能不能在瓷器上烧造呢？康熙便命造办处尝试着将这种技法移植到瓷胎上。经过工匠们的反复实验，终于烧造成功。于是便产生了瓷胎画珐琅，即今人所称的"珐琅彩"。

瓷胎画珐琅是清代皇室自用瓷器中最具特色，釉上彩

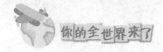

瓷中最为精美的彩瓷器。从康熙时的色浓庄重到雍正时的清淡素雅，再到乾隆时的精密繁复和雍容华贵，使珐琅这一洋味十足的彩料在瓷器上得到淋漓尽致的发挥，集中西风韵于一身，画尽了皇家身份的高贵与荣华。乾隆珐琅彩瓷是清代康、雍、乾三代珐琅彩瓷中最为精美的巅峰之作。

尽显皇家身份的瓷胎画珐琅

**27** 千古之谜的秘色瓷

瓷器是我国古代劳动人民和一代代工匠们聪明智慧的结晶。多姿多彩的瓷器是中国古代的伟大发明之一，从白瓷到青瓷，从粉彩到青花，给人们的生活增添了无穷的乐趣。然而还有一种瓷器，由于它特殊的身份，一直困扰了我们几个世纪，对于它的烧造工艺、配方，甚至颜色色彩，我们都一无所知，一头雾水，只能从有限的古籍记载中去尝试揭开它神秘的面纱。这就是秘色瓷。

秘色瓷碗

"秘"字从禾从必，"禾"指五谷粮食，"必"指隐匿，两个字符连起来表示"国家粮食库存数量是机密"。"色"字从刀从巴，"刀"指"剁碎"，转义指"齑粉"；"巴"指

"附着""黏着"，两个字符连起来表示"敷脸用的粉末"，引申指"药粉配方"。所以，"秘色"的意思是"保密的釉料配方"。"秘色瓷"就是用保密的釉料配方涂抹器物表面而烧成的瓷器。

1981年8月，伫立在法门寺中的唐建佛塔，因年久失修，倒塌的情况十分严重，国家决定把塔拆除重建。然而谁也不会想到，因为重修，一个埋藏了1000多年的秘密终于重见天日。1987年4月，佛塔重修时，考古人员意外地发现了地宫的入口，随即对地宫进行了考古挖掘。

法门寺地宫考古，打开了佛教和盛唐王朝的宝藏，是世界上迄今为止发现的年代最久远、规模最大、等级最高的佛塔地宫，不仅发现了在地下沉睡千年的辉煌灿烂的唐代文化宝藏——佛教世界千百年来梦寐以求的佛祖释迦牟尼真身指骨舍利，而且还解决了困扰我们的千古之谜——秘色瓷。因为地宫中还出土了13件秘色瓷器。

既然我们一直以来都不知道秘色瓷是什么样子，那怎么判断出土的瓷器就是秘色瓷呢？答案很简单，因为在地宫中还发现了一块"物帐碑"，就是相当于我们现在的记账本，当年地宫中放入什么东西，名称、数量都详细地刻在那块"物帐碑"上。

**精美的秘色瓷**

　　"物帐碑"上清楚地记载，"瓷秘色碗七口，内二口银棱；瓷秘色盘子叠（碟）子共六枚"。置于地宫中并用纸包在一起的13件青瓷就是我们寻觅了百年的秘色瓷。

　　秘色瓷神秘的面纱终于被揭开了。专家们恍然大悟：秘色瓷我们并不陌生，它原来就是越窑青瓷中的极品，只是从前相见而不相识罢了。地宫中发现的13件宫廷专用瓷——秘色瓷，是世界上发现有碑文记载证实的最早、最精美的宫廷瓷器。这些秘色瓷器的发现在我国陶瓷史具有突破性意义，为鉴定秘色瓷的时代和特点提供了标准器。

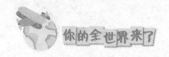

## 28 一锤一凿的奇迹——中国石刻艺术

石刻艺术是造型艺术中的一个重要门类，在我国有着悠久的历史。中国古代石刻种类繁多，古代艺术家和匠师们广泛地运用圆雕、浮雕、透雕、减地平雕、线刻等各种技法创造出众多风格各异、生动多姿的石刻艺术品。

我国自商周起逐渐形成了一套等级分明的陵寝制度，陵墓石刻就是随着陵寝制度和丧葬习俗的发展而成为其重要组成部分的。陵墓石刻大致分为两类：地下和地上石刻。

地下石刻为墓室内实用性和装饰性石刻，如汉代的画像石，即作为墓室构件嵌置于墓门及四壁上面，刻有内容丰富的各种图画。还有石棺、石椁等葬具，除了本身具有艺术性造型外还刻有各种装饰图案。这些画像石及各种刻饰多采用减地平雕及线刻的手法，镌刻精美，有着鲜明的时代特色及装饰效果。

地上石刻主要是陵园、墓葬前的仪卫性和纪念性石刻。仪卫性石刻是在陵墓前神道两侧按一定的规制置放的石人、石兽等，起着保卫及仪仗作用。纪念性石刻则是为了纪念某个事件而专门雕刻的。如唐太宗昭陵墓前雕刻的"昭陵六骏"等。这些石刻体量硕大、造型生动、威严肃穆。

随着佛教在东汉传入我国，宗教石刻开始兴起。除了经典文字外，"以像设教"的艺术形式更易于被人们接受、膜拜。南北朝以降，造像之风盛行。

佛教石刻

同学们到名胜古迹旅游的时候，一定见过各式各样的石刻艺术品，从镌刻有文字、图案的碑碣等石制品到石人、石马、石狮，再到那些气势恢宏的宗教佛像，无不展现出我国古代工匠们的智慧与毅力。

从70多米高的乐山大佛，到有10万多尊佛像的龙门石窟，全凭着工匠们经年累月，一锤一凿地雕琢而成。在古代，工匠们没有现代化的测量手段和仪器，没有角磨机、砂轮机、切割机等电动设备，他们只有锤、凿、錾、刀、砭等几样简单的劳动工具，却创造出一处处结构和谐、隽美秀丽、叹为观止的石刻艺术，不得不令后人惊叹为鬼斧神工。

每当站在这些古代工匠伟大杰作面前凝神注视时，仿佛能看到那些光着脊背、挥汗如雨、挥锤开拓的身影，锤凿之声，叮当作响，余音仿佛从远古飘来，带着那个时代的颤音。

石刻是中华文化中的瑰宝，它在我国广袤的大地上绵延几千年。中国人民勤劳勇敢、朴实敦厚、心胸宽广，这些品格正是民族精神之所在。石刻艺术内在的、本质的、精神的美，正是质朴敦厚的体现，石刻中的雄健，正蕴含了坚毅和力量。

雄健的石刻艺术

下面我们来着重介绍几处重要的石刻艺术。

## 29 头与山齐、足踏大江的乐山大佛

在四川省乐山市南岷江东岸凌云寺侧，濒临大渡河、青衣江和岷江三江汇流处，有一座依山而刻的弥勒佛坐像，这就是闻名中外的乐山大佛。大佛通高71米，有"山是一尊佛，佛是一座山"之称，是世界上最大的石刻大佛之一。

乐山大佛开凿于唐代开元元年（713年），完成于贞元十九年（803年），历时约九十年。乐山大佛头与山齐，足踏大江，双手抚膝。大佛依山凿成体态匀称，神势肃穆，临江危坐。大佛通高71米，头高14.7米，头宽10米，发髻1051个，耳长7米，鼻和眉长5.6米，嘴巴和眼睛长3.3米，颈高3米，肩宽24米，手指长8.3米，从膝盖到脚背28米，脚背宽8.5米，脚面可围坐百人以上。在大佛左右两侧沿江崖壁上，还有两尊身高超过16米的护法天王石刻，与大佛一起形成了一佛二天王的格局。与天王共存的还有上千尊石刻塑像，汇集成庞大的佛教石刻艺术群。

乐山大佛整体

如此恢宏的石刻，古代人是如何完成的？我们无法详细地还原，只能感叹先人们的智慧。大佛裸露在外，难道不怕常年的风吹雨淋？聪明的古代工匠们早已想到了这一点，他们在雕凿大佛时巧妙地为大佛设计了排水系统。在乐山大佛的两耳和头颅后面，具有一套设计巧妙、隐而不见的排水系统，对保护大佛起到了重要的作用，使佛像不致为雨水侵蚀。原来大佛头部共18层螺髻中，第4层、9层、18层各有一条横向排水沟，分别锤灰垒砌修饰而成，远望看不出来。衣领和衣纹褶皱处也有排水沟，正胸有向左侧分解排水沟，与右臂后侧水沟相连。两耳背后靠山崖处，有长9.15米、宽1.26米、高3.38米的左右相通洞穴；胸部背侧两端各有一洞，互未凿通，右洞深16.5米、宽0.95米、高1.35米，左洞深8.1米、宽0.95米、高1.1米。这些巧妙的水沟和洞穴，组成了科学的排水、隔湿和通风系统，千百年来对保护大佛，防止侵蚀性风化，起到了重要的作用。难怪清代诗人王士祯有咏乐山大佛"泉从古佛髻中流"的诗句。

乐山大佛是一尊弥勒佛。"乐山大佛"是后人对它的通称。那么大佛的正规名字是什么呢？1989年，历时两年多的"治理乐山大佛的前期研究"科研项目正式启动。其间，在用多种现代科技手段对乐山大佛进行全身"透视"体检的时候，发现大佛龛窟右侧临江一面的悬崖峭壁上有一巨大的摩崖碑，即《嘉州凌云寺大弥勒石像记》碑。所以，乐山大佛的真实名称应该是：嘉州凌云寺大弥勒石像。摩崖碑的发现具有相当重大的历史意义：它不仅直接确定了这座石刻雕像的正式官方名称，也是研究世界文化遗产乐山大佛现存唯一可靠的第一手文献。

乐山大佛上半身

## 30　中国石刻艺术的最高峰——龙门石窟

同学们一定学过，我国有四大以佛教文化为特色的巨型石窟艺术景观，它们是龙门石窟、云冈石窟、敦煌莫高窟、麦积山石窟。下面我们先来说说龙门石窟。

龙门石窟位于河南省洛阳市洛龙区伊河两岸的龙门山与香山上。龙门石窟开凿于北魏孝文帝迁都洛阳（494年）前后，迄今已有1000多年的历史。后来，历经东西魏、北齐、北周、隋、唐、宋等朝代连续大规模营造。石窟密布于伊河东西两山的峭壁上，南北长1000多米，现存石窟1000多个，佛洞、佛龛2345个，佛塔50多座，佛像10多万尊。其中最大的佛像高达17.14米，最小的仅有2厘米。另有历代造像题记和碑刻3600多件，这些都体现了我国古代劳动人民高超的艺术创作和智慧。其中以宾阳中洞、奉先寺和古阳洞最具代表性。

奉先寺是龙门石窟规模最大、艺术最为精湛的一组摩崖型群雕，因为它隶属当时的皇家寺院奉先寺而俗称"奉先寺"。此窟开凿于唐高宗咸亨三年（672年），皇后武则天赞助脂粉钱两万贯，上元二年（675年）完成。洞中佛像明显体现了唐代佛像的艺术特点，主佛莲座北侧的题记称之为"大卢舍那像龛"，这里共有9躯大像，中间主佛为卢舍那大佛，佛像通高17.14米，头高4米，耳朵长达

龙门石窟群

1.9米，佛像面部丰满圆润，头顶为波状形的发纹，双眉弯如新月，附着一双秀目，微微凝视着下方。高直的鼻梁，小小的嘴巴，露出祥和的笑意。双耳长且略向下垂，下颏圆而略向前突。身着通肩式袈裟，衣纹简朴无华，一圈圈同心圆式的衣纹，把头像烘托得异常鲜明而圣洁。整尊佛像，宛若一位睿智而慈祥的中年妇女，令人敬而不惧。据传，这尊卢舍那佛像就是根据当时武则天的容貌仪态雕刻的。

　　龙门石窟东西两山除了现存石窟、佛洞、佛龛、佛塔，还有中国古碑刻最多的古迹，有古碑林之称，共有碑刻题记2800多件，其中久负盛名的龙门二十品和褚遂良的伊阙佛龛之碑，分别是魏碑体和唐楷的典范，堪称中国书法艺术的上乘之作。

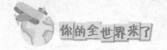

龙门石窟的佛像

联合国教科文组织世界遗产委员会这样评价：龙门地区的石窟和佛龛展现了中国北魏晚期至唐代期间，最具规模和最为优秀的造型艺术。这些翔实描述佛教宗教题材的艺术作品，代表了中国石刻艺术的最高峰。2000年，龙门石窟被联合国教科文组织列入《世界遗产名录》。

**31  鬼斧神工的云冈石窟**

　　云冈石窟位于山西省大同市以西16公里处的武周山南麓。石窟始凿于北魏兴安二年（453年），大部分完成于北魏迁都洛阳之前（494年），造像工程则一直延续到正光年间（520—525年）。石窟依山而凿，东西绵亘约1公里，气势恢宏，内容丰富。现存主要洞窟45个，石雕造像51000余躯，最大者高达17米，最小者仅几厘米。窟中菩萨、力士、飞天形象生动活泼，塔柱上的雕刻精致细腻，上承秦汉现实主义艺术的精华，下开隋唐浪漫主义雕塑之先河，是世界闻名的石雕艺术宝库之一。

云冈石窟群

云冈石窟历史久远，规模宏大，内容丰富，雕刻精细，被誉为中国美术史上的奇迹。石窟群中，有神态各异、栩栩如生的各种人物形象，如佛、菩萨、弟子和护法诸天等；有风格古朴、形制多样的仿木构建筑物；有主题突出、刀法娴熟的佛传浮雕；有构图繁复、优美精致的装饰纹样；还有中国古代乐器如箜篌、排箫、筚篥和琵琶等，丰富多彩。

云冈石窟的佛像

这些佛像与乐伎刻像，明显地流露着波斯色彩。云冈石窟是中国古代人民与其他国家友好往来的历史见证。云冈石窟，是在中国传统雕刻艺术的基础上，吸取和融合印度犍陀罗艺术及波斯艺术的精华所进行的创造性劳动的结晶。

云冈石窟作为中国第一个皇家授权开凿的石窟，反映了北魏王朝的政治雄心。与我国诸多石窟寺比较，云冈石

窟最具西来样式，即胡风胡韵最为浓郁。其中既有印度、中亚和西亚艺术元素，也有希腊、罗马建筑造型、装饰纹样、相貌特征等，反映出中华文明与世界各大文明之间的交流互鉴，这在中华艺术宝库中是独一无二的，对后世中国文化艺术的发展具有重要意义。

　　2001 年 12 月 14 日，云冈石窟被联合国教科文组织列入《世界遗产名录》。

## 32 美轮美奂的敦煌莫高窟

莫高窟，俗称千佛洞，坐落在河西走廊西端的敦煌。它始建于前秦宣昭帝苻坚时期，后经北朝、隋朝、唐朝、五代十国、西夏、元朝等历代的兴建，形成巨大的规模，有洞窟735个，壁画4.5万平方米，泥质彩塑2415尊，是世界上现存规模最大、内容最丰富的佛教艺术胜地。

隋唐时期，随着丝绸之路的繁荣，莫高窟兴盛，在武则天时有洞窟千余个。安史之乱后，敦煌先后由吐蕃和归义军占领，但造像活动未受太大影响。北宋、西夏和元代，莫高窟渐趋衰落，仅以重修前朝窟室为主，新建极少。元代以后敦煌停止开窟，逐渐冷落荒废。明嘉靖七年（1528年）封闭嘉峪关，敦煌成为边塞游牧之地。清康熙五十七年（1718年）平定新疆，雍正元年（1723年）在敦煌设沙州所，雍正三年（1725年）改沙州卫，并从甘肃各州移民敦煌屯田，重修沙州城。乾隆二十五年（1760年）改沙州卫为敦煌县，敦煌经济开始恢复。莫高窟开始被人们注意。

清光绪二十六年（1900年）发现了震惊世界的藏经洞。不幸的是，在晚清政府腐败无能、西方列强侵略中国的历史背景下，藏经洞文物惨遭劫掠，绝大部分不幸流散，分藏于英、法、俄、日等国的众多公私收藏机构，仅有少部分保存于国内，造成中国文化史上一次空前的浩劫。

敦煌莫高窟

莫高窟石窟建筑和功用分为中心柱窟（支提窟）、殿堂窟（中央佛坛窟）、覆斗顶型窟、大像窟、涅槃窟、禅窟、僧房窟、廪窟、影窟和瘗窟等形制，反映了古代艺术家在接受外来艺术的同时，加以消化、吸收，使它成为中国民族形式。其中不少是现存古建筑的杰作。在多个洞窟外保存有较为完整的唐代、宋代木质结构窟檐，是不可多得的木结构古建筑实物资料，具有极高的研究价值。

彩塑为敦煌艺术的主体，有佛像、菩萨像、弟子像以及天王、金刚、力士、神等。彩塑形式丰富多样，有圆塑、浮塑、影塑、善业塑等。题材之丰富和手艺之高超，堪称佛教彩塑博物馆。石窟壁画富丽多彩，各种山川景

物、亭台楼阁等建筑画、山水画、花卉图案、飞天佛像以及当时劳动人民进行生产的各种场面等，各朝代壁画表现出不同的绘画风格，反映出中国封建社会的政治、经济和文化状况，是中国古代美术史的光辉篇章，为中国古代史研究提供了珍贵的形象史料。

　　莫高窟不仅有着极高的历史价值和艺术价值，它还有着极高的科技价值。壁画上不仅留下了商旅交往的活动情景，还留下了宝贵的交通工具的形象资料。它们有牛、马、驼、骡、驴、象、舟、船、车、轿、舆、辇等。常用的交通工具车辆类型各异，牛车有"通幰牛车"、"偏幰牛车"、敞篷牛车，马车有驷车、骆车，还有骆驼车、童车、独轮车等，特别是保存了中国为世界交通工具做出独有贡献的独轮车、马套挽具（胸戴挽具和肩套挽具）、马镫、马蹄钉掌等珍贵的图像资料。

**莫高窟壁画**

**33** 浑然天成的麦积山石窟

麦积山石窟地处甘肃省天水市东南30公里的麦积山乡南侧西秦岭山脉的一座孤峰上，因其形似麦垛而得名。麦积山石窟始创于十六国后秦，尔后屡有修葺扩建，至公元6世纪末的隋代基本建成，并完整保留至今。

麦积山为典型的丹霞地貌，石质皆为紫褐色之水成岩，其山势陡然起独峰，周围风景秀丽，山峦上密布着翠柏苍松，野花茂草。攀上山顶，极目远望，四面是郁郁葱葱的青山，只见千山万壑，重峦叠嶂，青松似海，云雾阵阵，远景近物交织在一起，构成了一幅美丽的图景。

麦积山石窟

麦积山石窟建自十六国晚期，后来经过十多个朝代的

不断开凿、重修，遂成为中国著名的大型石窟之一，也是闻名世界的艺术宝库。现存洞窟194个，其中有从4世纪到19世纪以来的历代泥塑、石雕7000余件，壁画1300多平方米。麦积山石窟的一个显著特点是洞窟所处位置极其惊险，大都开凿在悬崖峭壁之上，洞窟之间全靠架设在崖面上的凌空栈道通达。可见当初开凿洞窟，修建栈道工程之艰巨、宏大。古人曾称赞这些工程："峭壁之间，镌石成佛，万龛千室。虽自人力，疑其鬼功。"

麦积山石窟佛像

麦积山石窟开凿在悬崖峭壁之上，洞窟密如蜂房，栈道凌空飞架，层层相叠，其惊险陡峻为世罕见，形成一个宏伟壮观的立体建筑群。

麦积山的洞窟很多修成别具一格的"崖阁"。在东崖泥塑大佛头上15米高处的七佛阁，是中国典型的崖阁建

筑，建在离地面50米以上的峭壁上，开凿于公元6世纪中叶。麦积山石窟虽以泥塑为主，但也有一定数量的石雕和壁画。石窟的造像最高大者达16米，最小者仅为10余厘米。其中第44窟造像被日本人称为"东方的维纳斯"。

2014年6月22日，在卡塔尔多哈召开的联合国教科文组织第38届世界遗产委员会会议上，麦积山石窟作为中国、哈萨克斯坦和吉尔吉斯斯坦三国联合申遗的"丝绸之路：长安—天山廊道路网"中的一处遗址点被列入《世界遗产名录》。

## 34　工匠绝技——素纱禅衣

1983年10月22日深夜，一名窃贼趁着风高月黑偷偷潜入湖南省博物馆。第二天一早，博物馆的工作人员上班，打开陈列展厅时，被眼前的景象惊呆了。满地的碎玻璃，6个展柜里的文物被洗劫一空。经过仔细盘查，被窃贼盗走的文物一共31件，这31件文物大都是马王堆汉墓出土的，其中就有今天我们要讲的一件珍贵的文物——素纱禅衣。

1971年，湖南长沙，当地在基建施工时，意外地发现了一座古墓。1972年，湖南省博物馆与中国科学院考古研究所对古墓进行了科学发掘。墓中出土了震惊世界的马王堆女尸。经考证，这个墓葬是西汉初期长沙国丞相、轪侯利苍的家族墓地。保存完好的女尸，为利苍的妻子辛追，年龄约50岁，虽然经历了2000多年，身体各部位和内脏器官的外形仍相当完整，并且结缔组织、肌肉组织和软骨等细微结构也保存较好，这在世界尸体保存记录中是十分罕见的。墓葬内的随葬品十分丰富，共出土丝织品、帛书、帛画、漆器、陶器、竹简、印章、封泥、竹木器、农畜产品、中草药等遗物3000余件。其中的一件就是被定为国家一级文物的素纱禅衣。

素纱禅（dān）衣，《说文解字》：衣而无里，谓之禅，是单衣的意思，马王堆出土的这件禅衣用纱料制成，因无颜色，没有衬里，出土遣册称其为素纱禅衣。

素纱禅衣

这件素纱禅衣，衣长128厘米，通袖长195厘米，由上衣和下裳两部分构成。交领、右衽（rèn）、直裾。面料为素纱，缘为几何纹绒圈锦。素纱丝缕极细，共用料约2.6平方米，重仅49克，还不到一两，折叠后可以放进火柴盒里，是世界上最轻的素纱禅衣和最早的印花织物。可谓薄如蝉翼，轻若烟雾，且色彩鲜艳，纹饰绚丽。它代表了西汉初养蚕、缫丝、织造工艺的最高水平。无法想象，两千多年前的古人，有着什么样的聪明智慧和高超技艺，制作出如此惊世骇俗的艺术品。令人痛心的是，本来出土了两件素纱禅衣，被盗后窃贼迫于公安机关侦破压力，竟然将其中一件素纱禅衣烧毁冲入马桶中。

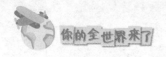

纱，是我国古代丝绸中出现得最早的一种，它是由单经单纬丝交织而成的一种方孔平纹织物，其经密度一般每厘米为58根至64根，纬密度每厘米为40根至50根纱。后来，湖南省博物馆曾委托南京云锦研究所复制这件总重49克的素纱禅衣，但该研究所复制出来的素纱禅衣的重量都没有比这一件更轻。

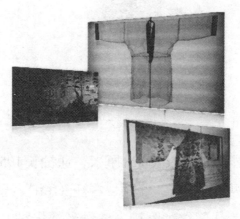

博物馆中的素纱禅衣

## 35 漆下辉煌

英文中国（China）一词有瓷器的意思，英文日本（Japan）一词有漆、漆器的意思。

生漆是从漆树割取的天然汁液，主要由漆酚、漆酶、树胶质及水分构成。用它作涂料，有耐潮、耐高温、耐腐蚀等特殊功能，又可以配制出不同色漆。用漆涂在各种器物的表面上所制成的日常器具及工艺品、美术品等，称为"漆器"。

中国古代漆器的工艺，早在新石器时代就已经出现，夏代的木胎漆器不仅用于日常生活，也用于祭祀，并常用朱、黑二色来髹涂。殷商时代已有"食器雕琢，觞酌刻镂"的漆艺。我国曾在距今已有六七千年的浙江省余姚河姆渡遗址第三文化层中发现一件朱漆碗，是中国现知最早的漆器。漆器的制作常用木胎和脱胎两种形式。制作木胎漆器要精选纹理细、不变形的优质木材制作榫卯无缝式木胎，或是选用其他材料胎，如皮胎、金属胎、瓷胎等。而脱胎则是以泥土、石膏等塑成胎坯，以大漆为黏合剂，用苎麻布或者丝绸布在胚胎上逐层裱，待阴干后脱去原胎留下漆布雏形，再经过上灰底、打磨等多道工序制成坚实轻盈的胎体。夹纻胎漆器起源于汉代。唐代时，佛教盛行，人们常常抬着佛像举行一些佛事活动，显然，如果抬着铜

佛、石佛重量太重是不适合这类活动的，于是便出现了轻便的夹纻佛。夹纻胎漆器又称"脱胎漆器"。"纻"就是麻布的意思，夹纻胎就是以麻布为胎，充分利用麻布的张力和漆的黏性。其制作工艺是，先用泥巴捏出一个具体形状的模型，然后在泥胎的外表面刷上一层漆，利用漆的黏性贴上一层纻布，再在纻布上刷漆，再贴纻布，如此反复，经过几十道甚至上百道工序，形成了一个极厚的漆层后，将其阴干，最后褪去泥巴模型，再在表面进行彩绘，如此便告完成。夹纻胎漆器的优点是：轻便、美观。《资治通鉴》记载，武则天曾命僧怀义做夹纻大像，其佛小指就能容数十人。

彩绘漆盒

古语说："滴漆入土，千年不腐。"漆器不怕水浸；耐高温、耐酸、耐碱、耐腐蚀；使用时间愈久，光泽愈发光亮。即使长期埋藏在潮湿的地下或干燥的沙漠中，也能保

持光艳如新。我们去博物馆可以看到很多出土的漆器，像耳杯、捧盒、奁匣等，一件件光亮如新，如果不告诉你它来自几千年的地下，你会觉得它是刚制作完成的。

光亮如新的古代漆盒

中国自东汉之后，瓷器登上历史舞台，无论早期的青瓷白瓷，后来的宋瓷、元明青花、粉彩、斗彩、珐琅彩等，所有的匠人、文人、藏家都把精力放在了瓷器上面。相较而言，日本人对漆器一直情有独钟，直到今天的日本，漆器依然是他们生活日用品中最重要的组成部分。20世纪初，曾在河北正定的大佛寺发现四尊夹纻佛造像，每尊高1米左右，制作精美，栩栩如生。可惜被文物贩子盗卖，如今三尊夹纻佛造像分别收藏在美国的三家博物馆里，一尊流散在日本。

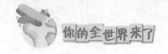

## 36 百匠典籍——中华民族智慧的结晶

在中华民族五千年文明发展史中，我们的祖先在劳动生活中不断探索、发现，寻找着适合人类生存的各种事物和方法方式，并把这些经验传授给子孙后代。从最早的结绳记事，到文字出现后用文字来记录，无论是氏族部落变迁、社会礼仪约定，还是各种劳动技巧、生存方法，都一一记录下来，供后人揣摩、实践。一代代、一辈辈，人们寻找着生存的最佳路径，其中的得失、经验、教训，后人不断修正，取其精华，去其糟粕。所得心得，著书立说，流传后人，以享子孙。从《神农本草经》到《本草纲目》，从《氾胜之书》到《天工开物》，从《周髀算经》到《梦溪笔谈》，天文历法、数学、地理、地质、气象、物理、化学、冶金、兵器、水利、建筑、农学、动植物、医学等，包罗万象，无所不及。中国的古代典籍就像一条河流，从发源到汇入世界的科学大海，继承和发展的脉络清晰可见，连绵不断。

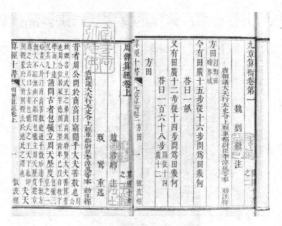

《九章算术》影印版

一部部经典，包含着古代工匠们的聪明才智和呕心沥血的执着，字里行间都记录下他们的伤痛和失败，同样也记录下他们的成功与喜悦，更蕴藏着他们对未来的憧憬与祈愿。在这里，后人们可以看到先人的足迹和他们坚毅质朴的背影。

"惟殷先人，有册有典。"典籍里蕴含着无尽的中国智慧、中国精神和中国价值。中华典籍浩如烟海，是古人思想的宝藏，是先贤智慧的结晶。一部部典籍，宛如人类进步史上的一盏盏明灯，照亮中华文明的进程。翻开典籍，对话先贤，触摸中华文化脉络，汲取中华文化精髓，不断开掘中华优秀传统文化的生命力。让那些根植在中华文明血脉中的民族精神和家国情怀，内含着穿越时空、直抵人心的文化力量，为我们的精神世界提供更多滋养。让我们知道我们的生命源起，我们的脚步迈入何方。以新的方式

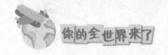

读懂典籍，让书写在古籍里的文字活起来。品读典籍，体味经典，汲取智慧，汲取精华，成为不一样的自己。

《神农本草经》的外文译本

下面，我们就来介绍几部中国工匠的传世经典。

## 37 工匠经典①——《考工记》

《考工记》出于《周礼》，是我国春秋战国时期记述官营手工业各工种规范和制造工艺的文献。这部著作记述了齐国关于手工业各个工种的设计规范和制造工艺，书中保留有先秦大量的手工业生产技术、工艺美术资料，记载了一系列的生产管理和营建制度，一定程度上反映了当时的思想观念。

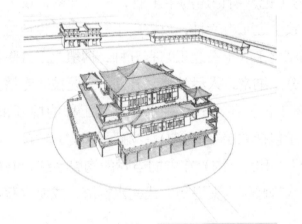

汉长安礼制建筑复原图

《考工记》虽然篇幅并不长，只有7100多字，但科技信息含量却相当大，内容涉及先秦时代的制车、兵器、礼器、钟磬、练染、建筑、水利等手工业技术，还涉及天文、生物、数学、物理、化学等自然科学知识。

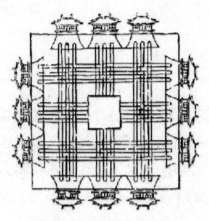

《考工记》中的设计图

《考工记》所记述的手工业，分工细密，攻木之工有七种，攻金之工有六种，攻皮之工有五种，设色之工有五种，刮摩之工（玉石之工）有五种，搏埴之工（陶工）有两种。分工细密，人尽其能，有助于工匠技艺专精。

《考工记》还十分重视水利灌溉工程的规划和兴修，它记述了包括"浍"（大沟）、"洫"（中沟）、"遂"（小沟）和"畎"（田间小沟）在内的当时的沟渠系统，并指出要因地势水势修筑沟渠堤防，或使水畅流，或使水蓄积以便利用。

车辆在春秋时期不仅是重要的战争工具，也是常见的交通运输工具。《考工记》中对车的制作甚为重视，它提出只有把车轮制成正圆，才能使轮与地面的接触面"微至"，从而减小阻力以保证车辆行驶"戚速"。它还规定制造行平地的"大车"和行山地的"柏车"的毂长（两轮间

横木长度）和辐长（连接轴心和轮圈的木条长度），各有一定尺寸，说"行泽者欲短毂，行山者欲长毂。短毂则利，长毂则安"。

　　斧、斤、凿、曲刀、量器等是手工业生产不可缺少的工具。《考工记》从青铜手工业的冶铸技术角度对这类器具的制作工艺进行了总结，指出"斧斤之齐"和包括博器在内的生产工具所需铜和锡的比例是5：1。《考工记》中记载了我国古代创制的六种铜锡比例不同的合金成分配比，称之为"六齐"，是中国也是世界上最早的合金配制记载。

　　关于《考工记》的作者和成书年代，长期以来学术界有不同看法。但无论作者是谁，一部《考工记》将中华民族先贤的聪明智慧展现得淋漓尽致。

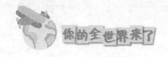

## 38　工匠经典②——《营造法式》

《营造法式》是宋朝将作监李诫奉敕编修的。将作监，古代官署名，掌管宫室建筑、金玉珠翠、犀象宝贝和精美器皿的制作与纱罗缎匹的刺绣及各种异样器用打造的官署。北宋建国以后百余年间，大兴土木，宫殿、衙署、庙宇、园囿的建造此起彼伏，造型豪华精美，负责工程的大小官吏贪污成风，致使国库无法应付浩大的开支。因而，建筑的各种设计标准、规范和有关材料、施工定额、指标亟待制定，以明确房屋建筑的等级制度、建筑的艺术形式及严格的料例功限，以杜防贪污盗窃，被提上议事日程。于是，李诫以他个人10余年来修建工程之丰富经验为基础，参阅大量文献和旧有的规章制度，收集工匠讲述的各工种操作规程、技术要领及各种建筑物构件的形制、加工方法，编成流传至今的这本《营造法式》，于崇宁二年（1103年）刊行全国。这是北宋官方颁布的一部建筑设计、施工的规范文本。

《营造法式》中对乌头门的叙述及图示

　　《营造法式》全书34卷，357篇，3555条。是当时建筑设计与施工经验的集合与总结，对后世产生了深远影响。原书《元祐法式》于元祐六年（1091年）编成，但因为没有规定模数制，也就是"材"的用法，而不能对构建比例、用料做出严格的规定，建筑设计、施工仍有很大的随意性。李诫奉命重新编著，终成此书。全书34卷分为5个部分：释名、诸作制度、功限、料例和图样，前面还有"看样"和目录各1卷。看样主要是说明各种以前的固定数据和做法规定及做法来由，如屋顶曲线的做法。

　　《营造法式》在北宋刊行的最现实的意义是严格的工料限定。该书是王安石执政期间制定的各种财政、经济的有关条例之一，以杜绝贪污腐败现象。因此书中以大量篇幅叙述工限和料例。例如对计算劳动定额，首先按四季日的长短分中工（春、秋）、长工（夏）和短工（冬）。工值

以中工为准，长短工各增和减10%，军工和雇工亦有不同定额。其次，对每一工种的构件，按照等级、大小和质量要求，如运输远近距离，水流的顺流或逆流，加工的木材的软硬等，都规定了工值的计算方法。料例部分对于各种材料的消耗都有详尽而具体的定额。这些规定，为编造预算和施工组织制定出严格的标准，既便于生产，也便于检查，有效杜绝了土木工程中贪污盗窃之现象。

《营造法式》是一部建筑科学技术的百科全书，具有高度的科学价值，它在中国古代建筑史上起着承前启后的作用，对后世的建筑技术的发展也产生了深远影响。

《营造法式》影印版

## 39　工匠经典③——《天工开物》

《天工开物》对于同学们来说应该都是很熟悉的，我们中学的语文、历史课本都有讲到。《天工开物》由明代著名科学家宋应星编写初刊于明崇祯十年（1637年），全书收录了农业、手工业，诸如机械、砖瓦、陶瓷、硫黄、烛、纸、兵器、火药、纺织、染色、制盐、采煤、榨油等生产技术。《天工开物》是世界上第一部关于农业和手工业生产的综合性著作，是中国古代一部综合性的科学技术著作，有人也称它是一部百科全书式的著作。外国学者称它为"中国17世纪的工艺百科全书"。

《天工开物》全书详细叙述了各种农作物和工业原料的种类、产地、生产技术和工艺装备，以及一些生产组织经验，既有大量确切的数据，又绘制了123幅插图。全书分上、中、下三卷，又细分为18篇。上卷记载了谷物豆麻的栽培和加工方法，蚕丝棉苎的纺织和染色技术，以及制盐、制糖工艺。中卷内容包括砖瓦、陶瓷的制作，车船的建造，金属的铸锻，煤炭、石灰、硫黄、白矾的开采和烧制，以及榨油、造纸方法等。下卷记述金属矿物的开采和冶炼，兵器的制造，颜料、酒曲的生产，以及珠玉的采集加工等。

内容丰富的《天工开物》

宋应星是世界上第一个科学地论述锌和铜锌合金（黄铜）的科学家。他明确指出，锌是一种新金属，并且首次记载了它的冶炼方法。这是我国古代金属冶炼史上的重要成就之一，使我国在很长一段时间里成为世界上唯一能大规模炼锌的国家。宋应星记载的用金属锌代替锌化合物（炉甘石）炼制黄铜的方法，是人类历史上用铜和锌两种金属直接熔融而得黄铜的最早记录。在生物学方面，《天工开物》记录了农民培育水稻、大麦新品种的事例，研究了土壤、气候、栽培方法对作物品种变化的影响，又注意到不同品种蚕蛾杂交引起变异的情况，说明通过人为的努力，可以改变动植物的品种特性，得出了"土脉历时代而异，种性随水土而分"的科学见解，把我国古代科学家关于生态变异的认识推进了一步，为人工培育新品种提供了理论根据。

宋应星（1587—?），字长庚，江西南昌府奉新县（今江西省奉新县）人，明朝科学家。宋应星一生致力对农业和手工业生产的科学考察和研究，收集了丰富的科学资料；同时思想上的超前意识使他成为对封建主义和中世纪学术传统持批判态度的思想家。

宋应星画像

宋应星的主要贡献表现在他把中国几千年来出现过的农业生产和手工业生产方面的知识作了总结，同时也对技术经验作了概括，并且使它们系统化、条理化，然后著述成书使之能够流传下来。

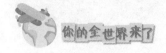

**40** 工匠经典④——《齐民要术》

贾思勰是中国古代杰出农学家，北魏齐郡益都（今属山东寿光）人。贾思勰出身于世代务农的书香门第。成年以后，他走上仕途，曾经做过高阳郡（今河北高阳东）太守等官职，到过山东、河北、河南等地。每到一地，他都非常认真考察和研究当地的农业生产技术，向一些具有丰富经验的老农请教，获得了不少农业方面的生产知识。中年以后，他回到故乡，开始经营农牧业活动，掌握了多种农业生产技术。

贾思勰雕像

北魏永熙二年（533年）至东魏武定二年（544年）间，贾思勰分析、整理、总结，写成农业科学技术巨作，这就是流传千古的鸿篇巨著《齐民要术》。全书凡10卷92篇，11万多字，内容极为丰富，涉及农、林、牧、副、渔等方面。

《齐民要术》全书结构严谨，从开荒到耕种；从生产前的准备到生产后的农产品加工、酿造与利用；从种植业、林业到畜禽饲养业、水产养殖业，论述全面，脉络清楚。在学科类目划分上，书中基本依据每个项目在当时农业生产、民众生活中所占的比例和轻重位置来安排顺序。在饲养动物方面，先讲马、牛，接着叙述羊、猪、禽类，多是各按相法、饲养、繁衍、疾病医治等项进行阐说，对水产养殖也安排一定的篇幅作专门载说。叙述的农业技术内容重点突出，主次分明，详略适宜，建立了一整套较为完整的农学体系。

《齐民要术》

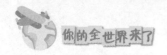

贾思勰认为，农作物生长是有规律的。谷子成熟有早晚，早熟的谷子，棵体矮小，果实多。晚熟的谷子，长得高大，而果实少；强壮的苗长得短小，黄谷就是这样。所以要顺应自然规律，发挥主观能动性。贾思勰重农，首先是重视粮食生产，但他又并不把农业生产归结为生产粮食，而是要多种经营。《齐民要术》包括了粮食作物、园艺作物、林木、种桑养蚕、畜牧、养鱼、农副产品加工等内容。贾思勰认为，农副产品加工是农业生产的继续，是生产转向消费的必要环节。《齐民要术》中就有酒、醋、酱、豉的制作，还有把粮食、蔬菜、果品、肉鱼加工成耐储食品的方法。贾思勰还强调要重视生产成本，要进行经济核算。贾思勰在书中谈到，实际是教导农民，首先要按市场条件来安排生产，其次要有适当的规模和合理的田间布局来生产。要使用临时性雇工，以降低成本。要重视成本核算和利润的计算。《齐民要术》里列举了大量的实例，教农民如何计算，甚至连运输、销售的费用都有计算。

《齐民要术》是一部世界上最古老而又保存得最完整的农学巨著。大约19世纪，《齐民要术》传到欧洲，英国学者达尔文在其名著《物种起源》和《植物和动物在家养下的变异》中曾提及参阅了"一部中国古代百科全书"，达尔文所说的这部中国古代百科全书就是贾思勰所著的《齐民要术》。

# ㊶ 工匠经典⑤——《梦溪笔谈》

　　沈括（1031—1095），字存中，号梦溪丈人，浙江杭州钱塘（今浙江杭州）人，北宋政治家、科学家。元祐四年（1089 年），沈括举家搬迁至早年在润州购置的梦溪园，在此隐居，开始创作他的科学宏著《梦溪笔谈》。

沈括雕像

　　提起沈括的《梦溪笔谈》，同学们一定都不陌生。这是中国古代一部伟大的科学论著，内容涉及天文、地理、数学、物理、化学、生物等各个门类学科，其价值非凡。书中的自然科学部分，总结了中国古代、特别是北宋时期的科学成就，且对北宋时期西北和北方的军事利害、典制礼仪的演变，赋役制度的弊害，都有较为翔实的记载。日

本早在 19 世纪中期就翻译排印了这部名著。还有英语、法语、意大利语、德语等各种语言的翻译本，引发了全世界的学者、汉学家对《梦溪笔谈》进行系统而又深入的研究。

《梦溪笔谈》包括《笔谈》《补笔谈》《续笔谈》三部分，收录了沈括一生的所见所闻和见解。《笔谈》26 卷，分为 17 门。《补笔谈》3 卷，包括上述内容中 11 门。《续笔谈》1 卷，不分门。全书共 609 条（不同版本稍有出入），内容涉及天文、历法、气象、地质、地理、物理、化学、生物、农业、水利、建筑、医药、历史、文学、艺术、人事、军事、法律等诸多领域。在这些条目中，属于人文科学，例如人类学、考古学、语言学、音乐等方面的，约占全部条目的 18%；属于自然科学方面的，约占总数的 36%，其余则为人事资料、军事、法律及杂闻逸事等，约占全书的 46%。

从内容上说，《梦溪笔谈》以多于三分之一的篇幅记述并阐发自然科学知识，这在笔记类著述中是少见的。如《技艺》正确而详细地记载了"布衣毕昇"发明的泥活字印刷术，这是世界上最早的关于活字印刷的可靠史料，深受国际文化史界重视。

此外，北宋其他一些重大科技发明和科技人物，也赖本书之记载而得以传世。如记载喻皓《木经》及其建筑成就、水工高超的三节合龙巧封龙门的堵缺方法、淮南布衣卫朴精通历法、登州人孙思恭解释虹及龙卷风、河北"团钢""灌钢"技术，羌人冷作冶炼中对"瘊子"的应用、"浸铜"的生产等，均属科技史上珍贵史料。沈括还是世界上第一个给石油命名的人。历史上，石油曾被称为石漆、膏油、肥、石脂、脂水、可燃水等，直到北宋，沈括才在世界上第一次提出了"石油"这一科学的命名。因为沈括本人具有很高的科学素养，他所记述的科技知识基本上反映了北宋的科学发展水平和他自己的研究心得。

英国科学史家李约瑟评价说，《梦溪笔谈》是中国科学史上的里程碑。沈括是中国科学史中最卓越的人物，是中国科学史上的坐标。日本数学史家三上义夫评价沈括："这样的人物，在全世界数学史上找不到，唯有中国出了这样一个。把沈括称作中国数学家的模范人物或理想人物，是很恰当的。古代日本的数学家没有一个比得上沈括。"

《梦溪笔谈》

## ㊷ 工匠经典⑥——《本草纲目》

　　明武宗正德十三年（1518年），李时珍出生于湖北蕲州（今湖北省蕲春县蕲州镇）。李家是三代相传的医户人家，李时珍的祖父、父亲都是当地有名的郎中。在封建社会里，医生的地位低，常与"算命""卖卦"的人相提并论，有时还遭到官僚、地主和豪绅们的欺压。李时珍的父亲决心让儿子走科举之路，将来取得一官半职，光宗耀祖。因此，他要求李时珍每天背诵四书、五经，准备迎接科举考试。李时珍自小聪颖，在14岁那年便考中秀才，可后来参加乡试考举人，三次都失败了。

　　看到父亲每日里行医问药，为病人解除痛苦，李时珍的心里也萌生了做一名郎中的想法。特别是在他20岁那年身患肺结核，父亲用一味黄芩汤就把他的病治好了，这更坚定了他做一名郎中的想法。父亲看他态度坚决，也只好答应了他的要求。

　　李时珍24岁开始学医，白天跟父亲到玄妙观去看病，晚上，在油灯下熟读《内经》《本草经》《伤寒杂病论》《脉经》等古典医学著作。李时珍的读书精神是令人钦佩的，"读书十年，不出户庭，博学无所弗瞡"。由于他刻苦学习，掌握了很多治病方法。很快，李时珍就成了当地闻名遐迩的郎中。

李时珍雕像

多年的临床实践，使李时珍懂得，做一个医生，不仅要懂医理，也要懂药理。如把药物的形态和性能搞错了，就会闹出人命来。在此之前，中国医学书籍记载的药有1500多种，品种繁杂，名称混乱，有的一种药两三个名字，有的两种药混为一个名字。药物分类上也是"草木不分，虫鱼互混"。为了修改这些古代医书中的错误，李时珍决心编纂一本准确的医书，为人们解疑答惑。

从此，李时珍以毕生精力，亲历实践，广收博采，对本草学进行了全面的整理总结。他不但阅读了大量医书，而且对经史百家、方志类书、稗官野史，也都广泛参考。同时仔细观察了国外进口的以及国内珍贵药材，对它们的形态、特性、产地都一一加以记录。李时珍不仅对植物药、动物药进行仔细调查、观察，对矿物药也做了不少调查工作。他曾到铜矿、铅矿、石灰窑等地方进行调查研究。为了完成修改本草书的艰巨任务，他几乎走遍了湖北、湖南、江西、安徽、江苏等地的名川大山，行程不下

万里。

终于，在他61岁那年，编成了《本草纲目》。全书共有52卷，载有药物1892种，其中载有新药374种，收集药方11096个，书中还绘制了1160幅精美的插图，约190万字，分为16部、60类。《本草纲目》尤其对植物的科学分类，要比瑞典的分类学家林奈早了约200年。《本草纲目》是我国医药宝库中的一份珍贵遗产，是对16世纪以前中医药学的系统总结，不仅修正了过去本草学中的若干错误，综合了大量科学资料，提出了较科学的药物分类方法，融入先进的生物进化思想，并反映了丰富的临床实践，而且也是一部具有世界性影响的博物学著作，被国外学者誉为"东方药学巨典"。达尔文在《动物和植物在家养下的变异》一书中，引用了《本草纲目》中关于鸡的七个品种和金鱼家化的资料。

《本草纲目》不仅是我国的一部药物学巨著，也是我国古代的一部百科全书。

《本草纲目》

## 43 工匠经典⑦——《肘后备急方》

《肘后备急方》从名字上看我们就知道这是放在袖子里的方子。古代人的衣服和我们现在大不一样，那时候的衣服都是宽衣大袖，像什么银钱、手帕、书籍等小物件都放在袖子里面。《肘后备急方》作为古代简易临床急救手册，随身携带放在袖子里肘后部位，方便人们患病时随时拿出来照方医病。

《肘后备急方》的作者是我国东晋时期的葛洪。葛洪（约281—341），字稚川，丹阳句容（今属江苏）人，东晋道教理论家、炼丹家和医药学家。葛洪出身江南士族，祖、父均为高官，但幼年时，其父去世，自此家道中落。他自幼好学，博览群书。家中曾数次失火，收藏的典籍都被焚毁了，他就砍柴卖钱，买来纸张，背起书篓步行到别人家抄书。葛洪从16岁开始博览群书，潜心钻研。中年之后的葛洪集中精力于医药与炼丹的研究。他自号抱朴子，抱朴是一个道教术语，源于《老子》"见素抱朴，少私寡欲"。朴指平真、自然、不加任何修饰，抱朴即道家、道教思想中追求保守本真，怀抱纯朴，不萦于物欲，不受自然和社会因素干扰的思想。正是有了这种思想和毅力，葛洪才能摒弃杂念，专心探索，终其一生，著述不辍。

**葛洪画像**

《肘后备急方》是葛洪在常年行医、游历的过程中，大量搜集整理的流传于各地的效验方剂，主要内容是一些常见病症的简便疗法，包括内服方剂、外用、推拿按摩、灸法、整骨等一些实用的内容，十分灵验有效，而且他又特地挑选了一些容易得到的草药，改变了以前的急救药方不易懂、药物难找、价钱昂贵的弊病，深受老百姓的欢迎。因此，这部书的篇幅虽然很短，但是非常实用。

《肘后备急方》中记载了多种疾病，其中有很多是珍贵的医学资料。这部书中描写的天花症状，以及其中对于天花的危险性、传染性的描述，都是世界上最早的记载，而且描述得十分准确。书中还提到了结核病的主要症状，并提出了结核病"死后复传之旁人"的特性，还涉及了肠结核、骨关节结核等多种疾病，可以说其论述的完备性并不亚于现代医学。另外，对于流行病、传染病，书中更是

提出了"疠气"的概念，认为这绝不是所谓的鬼神作祟。书中对于恙虫病、疥虫病之类的寄生虫病的描述，也是世界医学史上出现时间最早、叙述最准确的。

《肘后备急方》

出于对葛洪贡献的钦佩，英国皇家学会会员、剑桥大学约瑟博士将葛洪誉为"道家中最伟大的博学家"。

## 44 外国工匠①——瓦特

蒸汽机的出现彻底改变了人类生产和生活面貌。人类进入蒸汽时代，蒸汽提高了劳动效率，缩短了社会必要劳动时间，揭开了人类工业文明的序幕。从此，人类进入了"蒸汽时代"。而吹响这场革命号角的人就是瓦特。

詹姆斯·瓦特（1736—1819），英国发明家，第一次工业革命中的重要人物。瓦特出生于苏格兰格拉斯哥，父亲是一名造船工人。瓦特小时候因为身体较弱，去学校的时间不多，主要的教育由母亲在家里进行。瓦特从小就表现出了精巧的动手能力以及数学上的天分。

瓦特

1757年，格拉斯哥大学的教授提供给瓦特一个机会，让他在大学里开设了一间小修理店，帮助瓦特走出了困境。其中的一位教授，物理学家与化学家约瑟夫·布莱克更是成了瓦特的朋友与导师。小店开业5年后，在朋友罗宾逊教授的引导下，瓦特开始了对蒸汽机的实验。瓦特对蒸汽机一直有着浓厚的兴趣，小时候有一次看到火炉上烧的水开了，蒸汽把水壶盖顶开，瓦特把壶盖放回去但很快又被顶开了。瓦特就这样不断地把壶盖放来放去想找出原因，后来瓦特意识到是蒸汽的力量，由此引发了他对蒸汽的兴趣。

在以往的蒸汽机设计中，瓦特发现效率低的原因是由于活塞每推动一次，汽缸里的蒸汽都要先冷凝，然后再加热进行下一次推动，从而使得蒸汽80%的热量都耗费在维持汽缸的温度上。1765年，瓦特取得了关键性的进展，他想到将冷凝器与汽缸分离开来，使得汽缸温度可以持续维持在注入的蒸汽的温度，并在此基础上很快建造了一个可以连续运转的模型。

1774年，瓦特将自己设计的蒸汽机投入生产。1782年，瓦特的双向式蒸汽机取得专利，同年他发明了一种标准单位：马力。

瓦特是世界公认的蒸汽机发明者。他的创造精神、超人的才能和不懈的钻研，为后人留下了宝贵的精神和物质财富。瓦特改进、发明的蒸汽机是对近代科学和生产的巨大贡献，具有划时代的意义。它引发了第一次工业技术革

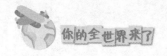

命，极大地提高了生产力，使工业革命得以更快地向纵深发展，推动世界工业进入了"蒸汽时代"。

蒸汽机

　　1819年8月25日，83岁的瓦特在家中去世。在瓦特的讣告中，对他发明的蒸汽机写下这样的赞颂："它武装了人类，使虚弱无力的双手变得力大无穷，健全了人类的大脑以处理一切难题。它为机械动力在未来创造奇迹打下了坚实的基础，将有助于报偿后代的劳动。"

　　为纪念瓦特的贡献，国际单位制中的功率单位以瓦特命名。

## ㊺　外国工匠②——爱迪生

　　提起爱迪生，我们耳熟能详的就是电灯的发明。其实电灯并不是爱迪生发明的，早在1801年，英国一位名叫汉弗里·戴维的化学家就在实验室中用铂丝通电发光；1810年，戴维又发明了用两根通电碳棒之间发生的电弧而照明的"电烛"，这算是电灯的最早雏形。爱迪生是在此基础上改进了电灯。除此以外，爱迪生还有很多发明，像留声机、同步发报机、普用印刷机、活动电影摄影机、电表等。爱迪生不愧为人类最伟大的发明家之一。

　　托马斯·阿尔瓦·爱迪生，1847年出生于美国俄亥俄州米兰镇。1855年，爱迪生上学了。因为爱迪生有刨根问底的天性，在上课时经常问老师问题，而且是一些另类的问题。仅仅三个月的时间，就被老师以"低能儿"的名义撵出学校。爱迪生的母亲南希当时是一家女子学校的教师，是一个富有教育经验的人，她不认为自己的孩子是"低能儿"，因此南希自己教授爱迪生。根据南希平日留心观察，爱迪生不但不是"低能儿"，而且时常显出才华。于是南希经常让爱迪生自己动手做实验，锻炼爱迪生的动手能力。

爱迪生和他的电灯

虽然爱迪生只上了几个月的小学，但由于母亲的良好教育，爱迪生认识到知识的重要性。他如饥似渴地博览群书，他不仅喜欢自然科学方面的书，也喜欢读历史和文学方面的书，书中的知识和道理打开了爱迪生追求科学和真理的心门。

1864年至1867年，爱迪生找到一份报务员的工作，过着流浪汉似的生活，生活也没有保障。其间，爱迪生先后换了多家公司，有的是他自己辞职的，有的是他被免职的。1868年底，爱迪生以报务员的身份来到了波士顿。这一年他获得了他人生第一项发明专利权，就是一台自动记录投票数的装置，也就是"投票计数器"。爱迪生认为这台装置会加快国会的工作并且会受到欢迎，但是一位国会议员告诉他有的时候慢慢地投票也是出于政治上的需要，从那以后，爱迪生决定再也不创造人们不需要的发明。

　　1878年，爱迪生开始研究电灯，经过一年的努力，他终于成功研制出了以碳化纤维作为灯丝的白炽灯泡，称之为"碳化棉丝白炽灯"。后来，电灯技术不断改进，最终确定以钨丝作为灯丝，称之为"钨丝灯"，并定型一直使用到今天。爱迪生也由此成为公认的电灯发明者。

白炽灯

　　爱迪生一生致力发明创造，除了在留声机、电灯、电话、电报、电影等方面的发明和贡献外，在矿业、建筑业、化工等领域也有不少创作和真知灼见。他一生的发明共有2000多项，拥有专利1000多项，为人类的文明和进步做出了巨大贡献。爱迪生的文化程度虽低，对人类的贡献却是巨大的，他除了有一颗好奇的心，一种亲自试验的本能，他还具有超乎常人的艰苦工作的无穷精力、果敢精神和工匠精神。

## 46  外国工匠③——尼古拉·特斯拉

1856年，尼古拉·特斯拉出生在奥地利斯米湾村一个塞族家庭，父母都是塞尔维亚人。特斯拉少年时在克罗地亚的卡尔洛瓦茨上学，1875年于奥地利的格拉茨理工大学学习物理学、数学和机械学。他在大学只上了一年的课，第二年他失去了助学金，因交不起学费被迫退学，特斯拉没有毕业。1877年，特斯拉到布拉格学习了两年，他一边去大学里旁听课程，一边在图书馆学习。1882年秋，特斯拉到爱迪生电话公司巴黎分公司当工程师，并成功设计出第一台感应电机模型。

1884年，特斯拉第一次踏上美国国土，来到了纽约，开始在爱迪生实验室工作。除了前雇主查尔斯·巴切罗所写的推荐信外，他几乎一无所有。这封信是查尔斯·巴切罗写给爱迪生的，信中写道："我知道有两个伟大的人，一个是你，另一个就是这个年轻人。"在查尔斯·巴切罗的推荐下，爱迪生雇用了特斯拉，安排他在爱迪生机械公司工作。特斯拉开始为爱迪生进行简单的电器设计。他进步很快，不久以后，特斯拉完全负责了爱迪生公司直流电机的重新设计。

1886年，特斯拉成立了自己的公司，公司负责安装特斯拉设计的弧光照明系统，并且设计了发电机的电力系统整流器，该设计是特斯拉取得的第一个专利。1891年，特斯拉取得了特斯拉线圈的专利。特斯拉被认为是当时美国最伟大的电气工程师之一。他的许多发现被认为是具有开创性的，是电机工程学的先驱。1891年，特斯拉在成功试验了把电力以无线能量传输的形式送到了目标用电器之后，致力商业化的洲际电力无线输送，并且以此为设想建造了沃登克里弗塔，进行跨大西洋无线电广播和无线电能传输实验。

尼古拉·特斯拉

特斯拉是个伟大的发明家和科学家，他先后在交流电系统、无线电系统、无线电能传输、球状闪电、涡轮机、放大发射机、粒子束武器、太阳能发动机、X光设备、电能仪表、导弹科学、遥感技术、飞行器、宇宙射线、雷达系统、机器人等许多方面取得辉煌的成就。在特斯拉众多

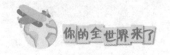

的发明里，最惠及大众的莫过于其发明的各种交流电机了。爱迪生推广直流电后，电器得到广泛应用，但同时电费却十分昂贵。在1893年5月的哥伦比亚博览会上，特斯拉展示了交流电照明，从此交流电取代了直流电成为供电的主流。同时特斯拉决定放弃交流电的专利权，交流电的专利将永久公开，供全人类免费使用。

特斯拉的成就

1960年在巴黎召开的国际计量大会上，磁感应强度的单位被命名为特斯拉，以纪念他在电磁学领域做出的重要贡献。

## 47 外国工匠④——乔治·斯蒂芬森

　　铁龙飞驰，声如雷震，日行千里，朝发夕至。这样的语言描写，很像是《山海经》里古人对未知事物的惊叹，而用我们现代人的眼光来看，这说的分明不就是火车吗？当然，声如雷震的比喻已经不适合当今我们的电气化高铁了。它指的是蒸汽机时代的火车，那么是谁发明了第一台蒸汽机车呢？他就是我们要讲的英国大工匠，被誉为"铁路机车之父"的乔治·斯蒂芬森。

乔治·斯蒂芬森

　　乔治·斯蒂芬森1781年出生于诺森伯兰地区（现在的纽卡斯尔）的华勒姆村。斯蒂芬森早年做工，没有受过学校教育。父亲是个煤矿工人，在蒸汽机房里烧锅炉，

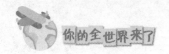

全家8口人的生活全靠父亲微薄的工资收入来维持。斯蒂芬森8岁便去给人家放牛，饱受风霜雨雪，由于是机械师家庭出身，又是一位煤矿工人的儿子，斯蒂芬森从小熟悉矿井里用来抽水的蒸汽机。青年时期的斯蒂芬森，常常是白天在煤矿做工，夜里参加夜校学习并坚持自学，同时还替人擦皮鞋，以维持艰苦的生活。

1810年，斯蒂芬森开始着手制造蒸汽机车，他坚信，将来拉车的肯定不会是马，而是一部机器。他自信地预言："我深信一条可以使用我的蒸汽火车头的铁路，效果远较运河为佳。我敢打赌，我的蒸汽机车在一条长长的良好铁路上，每天可以运载着40—60吨货物行驶100千米路程。"斯蒂芬森开始致力研究火车头的构造。自理查德·特里维西克以来，有无数发明家对此进行了尝试。但是，没有人能够把这些单独的观点贯穿起来。那时人们去看新机器表演的原因是为了看锅炉爆炸。1814年，斯蒂芬森制造了一辆能够在井下替代马车的火车头，它被命名为"旅行者号"。因为蒸汽机车在前进时不断从烟囱里冒出火来，从那时起蒸汽机车就被称为"火车"。同年，斯蒂芬森又制造了蒸汽机车"火箭号"，时速每小时达58千米。1825年英国建成第一条铁路，同年9月"旅行者号"机车拖着30多节小车厢正式试车，车厢载有450名乘客和90吨货物，"旅行者号"火车以每小时24千米的速度跑完了40千米的路程。

蒸汽机车

　　火车发明后，铁路交通迅速发展，为人们的生产和生活带来了极大的便利。由车票、站台、铁轨和信号组成的"斯蒂芬森体系"形成了，它满足了因为工业革命而发生变化的经济要求。

　　如今全球密如蛛网的铁路，来往穿梭的火车，早已将斯蒂芬森的预言变成了美好的现实。

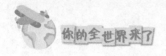

外国工匠⑤——富尔顿

　　罗伯特·富尔顿1765年出生在美国的宾夕法尼亚州的兰卡斯特，父亲是一个贫苦的农民。富尔顿22岁时前往英国伦敦学习绘画，正赶上瓦特50岁生日，瓦特请他去画一张肖像。这样，他就结识了蒸汽机发明家瓦特和其他几位机械发明家，他了解了蒸汽机的原理和作用，使他对机械技术产生了兴趣。瓦特对他有很大的启发，后来他改变了自己的想法，不想当画家，决心当一名工程师。

罗伯特·富尔顿

　　在这段时间里，他边工作边自学。勤奋地学习了高等数学、化学、物理学和透视图，还学习了法文、德文和意大利文。自1782年英国人瓦特发明蒸汽机以后，很多人都想制造出蒸汽轮船，可是都失败了。

富尔顿决心一定要造出蒸汽轮船。他研究了前人失败的原因，决定制造一条新的蒸汽动力轮船。

1806年，富尔顿回到了美国纽约，带着自己的设计图纸，招收了一些工人，在东河附近开始了自己的事业，并得到了一些人的支持。1807年，他建造了一艘新的蒸汽轮船，名字叫"克莱蒙特号"，有资料记载，这条船长45.7米，宽4米，吃水深度0.6米，是一艘细长的木板船，该船上安装了一台当时最好的瓦特蒸汽机。

"克莱蒙特号"蒸汽轮船

8月17日，"克莱蒙特号"蒸汽轮船第一次下水试航。从纽约出发，沿哈得逊河逆流航行，终点到达阿尔巴尼城。这条船用32小时航行了240公里。要知道普通的帆船完成这段航程需要四天四夜，首次试航成功了。"克莱蒙特号"试航成功，宣布了船舶发展史进入了一个新的时代，这就是蒸汽轮船时代取代了帆船时代。机器代替了人

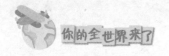 

力和风力。

富尔顿发明的蒸汽轮船"克莱蒙特号"，是用蒸汽机带动"明轮"推动船只前进的。所说的"明轮"就是安装在船两侧或船尾的形状像大车轮一样的桨叶，桨叶转动向后击水，利用水的反作用力推动船只前进。用明轮推进的船只，由于船两侧或船尾装有大桨轮，所以，人们把这种船称为"轮船"，这一叫法一直沿用到现在。

富尔顿发明的轮船是第一次工业革命的重要发明之一。富尔顿是轮船的发明者，他为人类航海事业的发展做出了卓越的贡献。

## 49 外国工匠⑥——列文虎克

现在我们眼睛如果看不清东西，可以借助各种眼镜，比如近视镜、花镜、放大镜、望远镜等。但是如果要看更加细微的东西，像细胞、细菌等，就需要更高倍的镜片来观察了，这就是显微镜。今天我们要讲的就是显微镜的发明者列文虎克。

安东尼·列文虎克，荷兰显微镜学家、微生物学的开拓者。1632年10月24日出生在荷兰代尔夫特市的一个酿酒工人家庭。他父亲去世很早，在母亲的抚养下，读了几年书。他16岁即外出谋生，1648年到阿姆斯特丹一家布店当学徒。列文虎克自幼就喜爱磨透镜，并用之观察自然界的细微物体。由于勤奋及本人特有的天赋，他磨制的透镜远远超过同时代人。他的放大透镜以及简单的显微镜形式很多，透镜的材料有玻璃、宝石、钻石等。其一生磨制了500多个透镜，其中一架简单的凸透镜，其放大率竟达300倍！他对于在放大透镜下所展示的显微世界非常感兴趣，观察的对象非常广泛，主要有晶体、矿物、植物、动物、微生物、污水、昆虫等。1674年他开始观察细菌和原生动物，即他所谓的"非常微小的动物"。他还测算了它们的大小。1702年他在细心观察了轮虫以后，指出在所有露天积水中都可以找到微小生物，

因为这些微生物附着在微尘上，飘浮于空中，并且随风转移。他追踪观察了许多低等动物和昆虫的生活史，证明它们都自卵孵出并经历了幼虫等阶段，而不是从沙子、河泥或露水中自然发生的。

安东尼·列文虎克

列文虎克是第一个用放大透镜看到细菌和原生动物的人。尽管他缺少正规的科学训练，但他对肉眼看不到的微小世界的细致观察、精确描述和众多的惊人发现，对17世纪和18世纪初期细菌学和原生动物学研究的发展，起了奠基作用。他根据用简单显微镜所看到的微生物而绘制的图像，今天看来依然是正确的。

显微镜和显微镜下的世界

　　列文虎克在他的一生当中制造了400种以上的显微镜，其中有9种至今仍有人使用。虽然他活着的时候就看到人们承认了他的发现，但要等到100多年以后，当人们在用效率更高的显微镜重新观察列文虎克描述的形形色色的"小动物"，并知道他们会引起人类严重疾病和产生许多有用物质时，才真正认识到列文虎克对人类认识世界所做出的伟大贡献。

## 50 "李约瑟难题"带给我们的启示

李约瑟（1900—1995），英国近代生物化学家、科学技术史专家。他所著的《中国的科学与文明》（即《中国科学技术史》）对现代中西文化交流影响深远。李约瑟关于中国科技停滞的思考，即著名的"李约瑟难题"，引发了世界各界的关注和讨论。"李约瑟难题"的主要内容是：尽管中国古代对人类科技发展做出了很多重要贡献，但为什么科学和工业革命没有在近代的中国发生？也就是说曾经领先其他国家几百年上千年的中国科技、中国文明在近代为什么又落后于西方，为什么近代中国没有发展出现代科学技术？这是一个值得我们反思的问题。

李约瑟

造成我们落后于西方的原因是很多的，几千年的封建文化统治、社会制度差异、闭关锁国，加上特殊的与外界隔离的地理位置，还有我国古代科学研究制度束缚了我们的思想等。中国古代没有普遍设立科学技术方面独立的学院和研究机构，科学知识不能积累和系统化，更没有上升为理论而广泛传播，诸多发明只是父子相传，不能形成社会共有的科学知识。社会不重视科技，认为是雕虫小技，不仅科学知识不能普及，科学态度和科学精神也不能蔚然成风。另一方面，中国自古就没有产生像西方的科学环境，隋唐开始的科举制度更是进一步阻碍了中国产生科学环境的机制。所以中国没有产生像欧氏几何学一样严密的数学逻辑体系、阿基米德浮力定律一样规范数学化的自然定律、亚里士多德物理学一样严格实证推理的物理体系等。而古代中国的知识分子多崇尚儒学，以修身、齐家、治国、平天下为最高抱负，"科举出生，八股取士"，没有第一流的人才去研究自然科学了。此外，中国历史上战争不断，朝代更迭，分久必合，合久必分，没有一个连续的稳定的社会环境。

当然，我们也必须看到，中国虽然没有完整的科学理论，但它的实际发明对于整个世界的发展是具有重大意义的。西方科学的发展，倘若没有中国古代技术的铺垫，恐怕是不能如此迅速发展的。所以说，中国的发明是西方科学复兴的手段，是西方现代科学技术的源头，对整个世界科学发展做出的贡献是不言而喻的。

149

亚里士多德像

　　自1978年中国改革开放以来，特别是进入21世纪后，中国在科技领域取得的进步和成就举世瞩目，在工业、制造业、农业、国防军事、航空航天等领域都迈入了世界先进行列，中国人古老的智慧得到了发扬光大。尽管我们取得了骄人的成就，但是，在很多高科技领域，我们与西方发达国家相比还是有很大的差距。科学无止境，我辈还需努力。

　　"李约瑟难题"给我们带来的启示是明确和清醒的。这就是要以战略性的眼光和任务，大力培养科学精神，大力加快科技人才培养步伐，不忘先贤，不忘初心，砥砺前进。我们才能迎来日新月异、突飞猛进的科学春天，这才是中国崛起、实现中华民族伟大复兴的必由之路。

### 51 工匠精神 时代传承

　　工匠在人类文明进程中做出了不可磨灭的贡献，工匠们是勤劳的、敬业的。工匠精神在任何时代都是不可缺少的，忽略甚至丢弃了这种精神，社会发展和人类文明化建设进程就会受挫。工匠精神需要传承和弘扬，时代需要它的存在。在当今全球资源消耗量巨大的时代，我们不仅需要工匠的出现，更需要将工匠精神全面发扬光大。

　　新时代工匠精神的时代内涵可以概括为：爱岗敬业的职业精神、精益求精的品质精神、协作共进的团队精神、追求卓越的创新精神。其中，精益求精的品质精神是工匠精神的核心。

　　劳模精神和工匠精神都是社会主义核心价值观的体现，其时代内涵与社会主义核心价值观有所重叠。劳模精神和工匠精神都是实现中华民族伟大复兴的支撑力量。一方面，我们要实现中华民族伟大复兴，就必须"坚持中国道路、弘扬中国精神、凝聚中国力量"，而劳模是"坚持中国道路、弘扬中国精神、凝聚中国力量"的楷模。另一方面，我们要实现中华民族的伟大复兴，就必须实现我国从制造大国向制造强国的华丽转身，这就需要大力弘扬和践行工匠精神。劳模精神和工匠精神相得益彰，相辅相成。劳模和工匠具有高度一致性。

精益求精的工匠

　　无私的奉献精神是劳模精神的核心，而工匠精神的核心是精益求精的品质精神。所以，劳模是广大民众学习的榜样，而优秀工匠只能产生于广大劳动人民当中。

　　劳动模范，是时代的先锋，代表了社会的文明进步。优秀工匠，追求卓越，以满足人们日益增长的对美好生活的需要。要营造一个尊重劳模、尊重工匠的氛围。

　　细节是工匠精神的四肢，创新是工匠精神的心脏，而态度则是工匠精神的灵魂。不积跬步，无以至千里；不积小流，无以成江海。从小事做起，从普通做起，岁月的沉淀，如沙般的聚集，才造就了平地而起的万丈高楼。

用工匠精神创造新的世界

　　工匠精神需要厚植的土壤，当前，我国经济结构正在深度调整，这为那些在品质、创新上有远大追求的工匠创造了极大的发挥空间。形成崇尚工匠精神的社会氛围，需要用"十年树木，百年树人"的战略眼光，持之以恒地"补钙"。从职业精神的培养，到职业教育的改革，再到荣誉体系的激励以及文化土壤的培育，多管齐下形成合力，才会让我国的经济走上一条创新、高质量、健康、快速的发展之路。

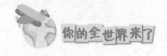

## 52　复兴中国梦

　　前面我们介绍了中国从古代到现代能工巧匠的典型代表。中国有着五千年的璀璨文明，为人类文明发展做出了巨大的贡献，但是近代的中国却落后了，尤其是1840年鸦片战争后，中国沦为了半殖民地半封建社会。落后就要挨打，中国共产党领导全国人民经过革命战争、抗日战争和解放战争，建立了新中国，中国人民从此站起来了。党的十一届三中全会以后，中国走上了改革开放的道路，40多年来取得了举世瞩目的伟大成就。国力增强，科技发达，人民生活富裕，社会和谐稳定。2012年11月，习近平总书记提出："实现中华民族伟大复兴，就是中华民族近代以来最伟大的梦想。这个梦想，凝聚了几代中国人的夙愿，体现了中华民族和中国人民的整体利益，是每一个中华儿女的共同期盼。"

　　幸福不会从天而降，梦想不会自动成真。实现中华民族伟大复兴是一项光荣而艰巨的事业，创造14亿人的幸福美好生活绝非易事，需要一代又一代中国人共同为之努力，需要广大人民锲而不舍、驰而不息的奋斗。

**虎门销烟**

　　梦在前方，路在脚下。空谈误国，实干兴邦。面向未来，全面建成小康社会要靠实干，基本实现现代化要靠实干，实现中华民族伟大复兴要靠实干。中华民族的命运与我们14亿中国人紧密相连，息息相关。实现中华民族伟大复兴的中国梦，需要一步一个脚印、一代接着一代人去实现。需要科学家，需要工人、农民的辛勤劳动，需要解放军指战员的国防保卫，需要各行各业的能工巧匠，需要我们每一个人拼搏奋斗。

　　"道虽迩，不行不至；事虽小，不为不成。"追梦需要勇气，圆梦需要行动。五千年中华文明的底蕴是我们今天实现梦想的强大动力和坚实基础。中国力量是中国各族人民大团结的力量，中国道路就是中国特色社会主义道路，中国精神是以爱国主义为核心的民族精神和以改革创新为核心的时代精神。正如习近平总书记在庆祝改革开放40

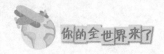

周年大会上指出的那样：建成社会主义现代化强国，实现中华民族伟大复兴，是一场接力跑，我们要一棒接着一棒跑下去，每一代人都要为下一代人跑出一个好成绩。中华民族伟大复兴的梦想一定能实现。让这个曾经创造了灿烂的物质文明和精神文明的古老国家重新焕发出青春的光芒，照亮世界文明的前进之路。

科技兴国